BIBLIOTHÈQUE

DE LA

JEUNESSE CHRÉTIENNE

APPROUVÉE

PAR Mgr L'ARCHEVÊQUE DE TOURS

—

2ᵉ SÉRIE IN-12

Le Bison.

HISTOIRE

NATURELLE

DES ANIMAUX

LES PLUS REMARQUABLES DE LA CLASSE DES MAMMIFÈRES

(QUADRUPÈDES ET CÉTACÉS)

PAR

UN NATURALISTE DU MUSÉUM

Orné de 34 figures d'animaux dessinées par Gerlier

—

TREIZIÈME ÉDITION

TOURS

ALFRED MAME ET FILS, ÉDITEURS

—

1873

INTRODUCTION

Le nombre des animaux connus est si considérable, qu'on a dû nécessairement, pour éviter la confusion, établir parmi eux, dans les ouvrages qui en traitent comme dans les collections où ils sont conservés, un ordre déterminé, au moyen duquel il fût possible de retrouver aisément chacun d'eux, lorsque le besoin s'en présenterait. Ce rangement des animaux ou des autres productions naturelles est ce qu'on nomme leur classification. Des données tout à fait arbitraires l'ont souvent déterminé; c'est ainsi que l'on a disposé les animaux par groupes correspondant aux contrées qu'ils habitent, ou bien qu'on les a rangés en séries, en ayant seulement égard à l'orthographe de leurs noms, et c'est encore ainsi qu'il est question d'eux dans les dictionnaires. Mais on a reconnu que l'étude de leur organisation conduirait, par l'appréciation des rapports ou des différences qu'ils offrent entre eux, à une distribution beaucoup plus rationnelle : telle est l'origine de la méthode en histoire naturelle.

Un tel travail exigeait une connaissance approfondie de tous les organes; car, sans cette connaissance, comment apercevoir les caractères, qui ne sont eux-mêmes que les différences offertes par les divers organes comparés entre eux? Il fallait plus encore, il fallait savoir apprécier la valeur de chaque caractère.

C'est ce que d'abord on ne fit pas. Aussi les premières classifications sont-elles bien inférieures à celles proposées de nos jours ; le but actuel de la méthode est, en classant les animaux, de rapprocher davantage ceux qui se ressemblent par le plus grand nombre de points, et d'éloigner, au contraire, ceux qui n'ont entre eux que de faibles ou apparentes analogies : telle doit être la classification naturelle ; elle met en usage les caractères fournis par tous les organes, mais elle n'accorde à chacun d'eux que l'importance qu'il a réellement.

La classification artificielle, n'ayant pas assez pesé, si l'on peut ainsi dire, les caractères qu'elle mettait en relief, et plaçant en première ligne ceux qui n'avaient qu'une importance secondaire ou même tertiaire, a été nécessairement conduite à des rapprochements contradictoires : c'est ainsi que les anciens auteurs, prenant en première considération le milieu qu'habite un animal et son mode de mouvement, ont admis parmi les animaux supérieurs les divers groupes des *Volatiles*, des *Quadrupèdes*, des *Serpents* ou animaux privés de pieds, et des *Poissons* ou animaux aquatiques. Cette division les a conduits à placer dans une même classe les poissons, les cétacés et les lamantins, parce qu'ils sont aquatiques ; à réunir dans un autre groupe les chauves-souris et les oiseaux, parce qu'ils volent, et à comprendre sous le nom de quadrupèdes les mammifères à quatre membres, et les reptiles qui présentent aussi cette particularité. Néanmoins ces animaux diffèrent essentiellement entre eux.

Dans une classification naturelle, les espèces qui se ressemblent réellement sont, au contraire, fort rapprochées entre elles ; et, comme les groupes dans lesquels on les range sont nettement caractérisés, il suffit d'annoncer que tel animal nommé, mais dont on ne développe pas les caractères, appartient à telle catégorie de la méthode, pour qu'il soit aussitôt possible de s'en faire une idée à peu près complète. Les espèces d'animaux sont réparties en groupes nombreux et de différents degrés; elles forment par leur première réunion des genres, à peu près comme dans une armée (car on peut admettre que chaque espèce constitue une unité, comme cela existe aussi dans l'exemple que nous choisissons) les soldats sont répartis en compagnies : de même que l'on réunit les compagnies pour former des bataillons, etc., de même aussi la réunion d'un certain nombre de genres forme des familles, celle des familles constitue des ordres, et successivement des classes, des types ou embranchements, qui eux-mêmes ne sont que les subdivisions primordiales du règne animal. C'est moins le nombre des animaux que la nature de leurs caractères qui détermine la formation des genres, des familles, des ordres, etc. Car un genre, une famille, un ordre même, peuvent ne contenir que très-peu d'espèces, ou même une seule, tandis qu'un genre voisin sera la réunion de plusieurs centaines d'espèces. C'est ainsi que, pour tirer un exemple du sujet de ce livre, la famille des singes comprend à elle seule beaucoup plus d'espèces que l'ordre entier des éléphants ou gravigrades.

Les types ou coupes primordiales du règne animal sont au nombre de quatre; la forme générale de leur corps et la nature de leur système nerveux fournissent leurs principaux caractères. Les espèces les plus inférieures, c'est-à-dire celles qui sont le plus éloignées de l'homme, sont de forme rayonnée, leur

1*

corps pouvant être partagé en rayons au nombre de quatre au moins, qui partent tous d'un centre commun, lequel est lui-même l'axe du corps; les polypes, les étoiles de mer, les oursins, les coraux et les madrépores sont tous de cette première division (*Actinozoaires*); la seconde comprend les mollusques, animaux de forme binaire, ou dont le corps ne peut être partagé qu'en deux moitiés; les mollusques (*Malacozoaires*), qui sont les seiches, les hélices ou escargots, les limaces, etc., n'ont point de squelette, et aucune partie de leur corps n'est réellement articulée. Chez eux, le système nerveux consiste en un cerveau qui envoie autour de l'œsophage une espèce de collier, et leurs nerfs principaux sont placés sur les parties latérales de leur tube digestif. Le troisième et le quatrième type comprennent des espèces pourvues d'une charpente plus ou moins dure, et composée de pièces toujours articulées entre elles. Chez les unes, ces pièces articulées sont toujours à l'extérieur et forment une sorte d'endurcissement de la peau : tels sont les insectes, les araignées, les crustacés (crabes, écrevisses, cloportes), les millepieds ou myriapodes, et les vers ou annélides, que l'on appelle du nom commun d'*Entomozoaires*, c'est-à-dire animaux articulés. Les autres ont toujours leurs pièces dures placées à l'intérieur, et formant ce que l'on appelle un squelette : ce sont les animaux vertébrés ou *Ostéozoaires* (poissons, reptiles, oiseaux et mammifères). Ceux-ci ont l'organisation la plus compliquée; et, comme les mammifères occupent parmi eux le premier rang, tant à cause de la variété de leurs instincts que des particularités caractéristiques de leur structure, c'est par eux que l'on doit commencer l'étude de la zoologie. Ces animaux sont d'ailleurs les plus importants à étudier, à cause des rapports évidents qu'ils ont avec nous dans les parties principales de leur organisation. Les mammifères sont faciles à reconnaître. Pourvus d'un squelette osseux et intérieur comme tous les autres vertébrés, ils ont aussi, comme ceux-ci, le système nerveux spinal, supérieur au canal digestif et renfermé dans un étui osseux, composé dans toute sa longueur de vertèbres plus ou moins modifiées ; leur cerveau est plus volumineux que celui des autres vertébrés, et leur intelligence et leur instinct plus étendus et plus variés ; leurs organes des sens sont parfaitement développés ; leur sang est rouge et chaud pendant la vie ; leur cœur est double ; leur respiration s'opère toujours et à toutes les époques de leur vie par les poumons ; et leurs petits, toujours vivants lorsqu'ils viennent au monde, sont constamment nourris, pendant les premiers temps de leur existence, au moyen d'un liquide spécial, le lait, que sécrètent chez les femelles des organes particuliers appelés mamelles. C'est à ce caractère que les mammifères doivent leur nom (*mamma*, mamelle ; *fero*, je porte), qui signifie porteur de mamelles ; ils sont, en effet, les seuls animaux qui présentent ces organes. Un autre caractère des mammifères les rend aussi très-reconnaissables : presque tous ont le corps plus ou moins garni de poils, et lorsqu'ils semblent ne point en avoir, c'est que leurs poils se sont modifiés pour former des espèces de carapaces, comme chez les tatous ; des écailles, comme chez les pangolins ; ou pour donner à la peau une plus grande épaisseur, ainsi qu'on le voit chez les cétacés, les pachydermes, et à la plante des pieds de presque tous les animaux.

Les mammifères forment une classe particulière, et les nombreuses espèces qui s'y rapportent sont elles-mêmes partagées en genres, en familles et en ordres, que nous devons successivement étudier, en nous arrêtant plus longtemps sur ceux qui offrent le plus d'intérêt. La classification des mammifères a occupé un bien grand nombre de naturalistes ; aussi est-elle présentement plus naturelle peut-être que celle d'aucun autre groupe du règne animal. Nous avons adopté celle à laquelle M. de Blainville a été conduit par suite d'une appréciation exacte des rapports de ces animaux ; la classe y est partagée en trois sous-classes, subdivisibles elle-mêmes en un ou plusieurs ordres chacune. Le mode de naissance des petits et quelques particularités ostéologiques importantes fournissent les premiers caractères au moyen desquels ces sous-classes sont caractérisées.

Nous avons dit plus haut que les rapports naturels résident moins dans les analogies de formes que dans des similitudes d'organes peu apparents, mais en réalité plus importants dans l'économie. Ce principe a dû guider dans la recherche des animaux qui devaient prendre le dernier rang parmi les mammifères, et il a permis d'assigner à chacun une place certaine, au lieu de la mettre, pour ainsi dire, au hasard. Voici quelle est en définitive la disposition la plus naturelle et en même temps la plus rationnelle des mammifères. Puisque, en développant rapidement les principales coupes du règne animal, nous avons d'abord parlé des plus inférieures, nous signalerons d'abord les mammifères les plus voisins des vertébrés non mammifères. Nous avons vu que ces derniers sont surtout différents des espèces de la première classe par l'absence de mamelles et par une génération ovipare ; car il est des mammifères qui sont ovipares, c'est-à-dire presque ovipares (on a même cru à tort qu'ils pondaient des œufs), et chez lesquels les mamelles (qui ont été pendant quelque temps considérées comme nulles) se sont profondément modifiées dans leur structure intérieure et extérieure ; ces animaux sont les échidnés et les ornithorhynques (sous-classe des *Ornithodelphes*), qui sont aussi de tous les mammifères ceux dont le squelette a le plus de rapport avec celui des ovipares. Les ornithodelphes ont, en effet, comme les ovipares reptiles et oiseaux, le péroné et le tibia également articulés avec le fémur, et ils ont de doubles clavicules.

La sous-classe qui les précède est celle des *Didelphes* (sarigues), chez lesquels les petits, trop incomplétement formés lorsqu'ils naissent pour profiter encore des secours que pourraient leur prodiguer leurs parents, se fixent à la mamelle de leur mère, et y adhèrent comme par greffe, jusqu'à ce qu'ils aient achevé leur développement total. Ces animaux n'ont plus les doubles clavicules des précédents ; mais leur jambe a le même mode d'articulation.

Les mammifères les plus nombreux sont ceux de la troisième sous-classe : tels sont les chats, les chiens, les singes, les moutons, les cochons, etc.; leurs petits ne se fixent point d'une manière permanente à leurs mamelles, ils n'ont point de double clavicule, le tibia est la seule partie de leur jambe qui s'articule avec le fémur ; les didelphes et les ornithodelphes présentent en avant du bassin des os dont ceux-ci sont toujours dépourvus.

Si nous commençons par les animaux auxquels le Créateur a donné des formes extérieures qui rappellent celles de l'homme, nous voyons que les *Quadrumanes* ouvrent la série ; il faut leur rapporter, outre les animaux que la plupart des auteurs y placent, les galéopithèques, les ayes-ayes ou chéiromys, et sans doute les paresseux ou bradypes. Ces animaux forment un premier ordre; c'est, pour ainsi dire, un premier degré d'organisation, le premier échelon de l'échelle zoologique.

Les *Carnassiers* forment le second ordre ou degré. Parmi ceux-ci, il en est qui sont destinés à vivre à la surface du sol, d'autres à fouir la terre à une certaine profondeur pour s'y creuser des galeries, d'autres qui doivent s'élever en l'air et voler (chauve-souris), et quelques-uns sont destinés à vivre au milieu de l'eau. Il me semble que, dans ce degré d'organisation comme dans plusieurs autres, les diverses modifications des espèces sont en rapport avec les différents genres de vie possibles sur notre planète. Les carnassiers se nourrissent de chair, et ils vont chercher leur proie à la surface du sol ou hors de sa surface sur les arbres, dans les airs, dans la terre ou dans l'eau, de même qu'il y a des espèces herbivores destinées à ramasser leurs aliments dans les différentes conditions où ceux-ci se rencontrent.

Un troisième ordre est celui des *Édentés*, qui a aussi des espèces fouisseuses, terrestres et aquatiques.

Le quatrième, celui des *Rongeurs*, est dans le même cas.

Le cinquième comprend les *Gravigrades*.

Le sixième, les *Pachidermes* (hippopotame, cochon, cheval).

Le septième enfin, les *Ruminants*. C'est dans cet ordre que prennent place la plus grande partie des espèces que l'homme a soumises à la domesticité.

ANIMAUX MAMMIFÈRES

CHAPITRE 1

ORDRE DES QUADRUMANES

Les singes de l'ancien continent, ainsi que ceux du nouveau, les makis, les chéiromys et les galéopithèques, auxquels il faut joindre, d'après quelques auteurs, les bradypes ou paresseux, forment le premier ordre de la classe des mammifères, celui que l'on a nommé l'ordre des Quadrumanes, parce que le caractère principal de la plupart des espèces qui s'y rapportent est d'avoir non-seulement les membres antérieurs terminés par de véritables mains, mais encore les postérieurs. Les Quadrumanes ou Mammifères à quatre mains composent un degré particulier d'organisation parmi les animaux dont nous aurons à nous occuper, et ils sont placés avant tous les autres, parce qu'ils offrent dans leurs caractères zoologiques et dans leur intelligence des particularités qui les placent au-dessus des autres animaux.

Le mot de Quadrumanes, qui est aujourd'hui généralement employé, indique que les Mammifères auxquels on l'applique ont ordinairement quatre mains, c'est-à-dire qu'aux membres postérieurs de ces animaux, comme à leurs membres antérieurs, leur pouce est opposable aux autres doigts. Tous les animaux que leur organisation ramène au même ordre que les singes et les makis n'ont pas toujours leurs quatre pouces opposables; et ce qui est digne de remarque, ce sont ceux des membres inférieurs qui perdent les derniers ce caractère; beaucoup de faux singes ou makis, pour ne pas dire tous, ont le pouce des mains antérieures dirigé comme les autres doigts, et incapable de leur être opposé. Différents genres de singes américains offrent aussi cette particularité, et il existe parmi ceux de l'Afrique un groupe particulier, celui des colobes, dont les mains antérieures sont tout à fait privées de pouce. Mais ce caractère de la nature des membres n'est pas le seul qui soit particulier aux Quadrumanes, et la manière de vivre de ces animaux, leur intelligence développée, les diverses particularités de leur organisation, ne permettent pas de les confondre avec aucun des autres ordres de la même classe.

Ces animaux ont le système des organes digestifs disposés, à peu de chose près, comme chez l'homme; leur régime est, en effet, peu différent, surtout dans les premières espèces. En effet, ces derniers se nourrissent surtout de matières végétales, principalement de fruits. Le règne animal fournit peu à leur alimentation, si ce n'est quelques insectes, des œufs d'oiseaux et quelquefois aussi de petits animaux. Une particularité assez remarquable de l'estomac de ces premières espèces est celle que présente cet organe chez les semnopithèques, dans les boursouflures qui le caractérisent. A mesure qu'on descend la série, on reconnaît un moins grand nombre d'espèces frugivores : les œufs et surtout les insectes semblent, en effet, plaire davantage aux singes américains. Les ouistitis et les sakis, parmi ces derniers, paraissent même les rechercher exclusivement, et il est à remarquer que déjà leurs dents ont une forme différente de celle des espèces supérieures. Les tubercules de la couronne de leurs mâchelières sont, en effet, remplacés par de petites pointes épineuses qui rappellent celles des makis. Quant au cerveau, il est proportionnellement plus développé chez les Quadrumanes que chez les autres Mammifères, et sa surface présente, chez beaucoup d'espèces, des circonvolutions nombreuses. La forme du corps de ces animaux présente un aspect qui rappelle les formes humaines; mais à mesure qu'on descend vers les

plus inférieurs, la ressemblance semble s'effacer;
les mamelles sont toujours pectorales, c'est-à-dire
placées sur la poitrine et au nombre de deux. Une
seule espèce, le loris grêle, en a quatre, d'après
l'observation de Daubenton, et ces deux mamelles
supplémentaires sont situées à la région des aines.
Le squelette offre aussi de nombreuses analogies
avec celui des hommes, et, chez les orangs, le
chimpanzé et les gibbons, le sternum présente
le caractère remarquable qu'on lui connaît dans
notre espèce.

Aucun des Mammifères quadrumanes n'a été
rendu domestique à la manière des animaux auxquels on donne vulgairement ce nom; mais la
plupart d'entre eux peuvent être apprivoisés,
surtout s'ils sont pris dans leur jeune âge. Dans
les pays chauds, ils s'accoutument aisément à
notre intérieur, et dans beaucoup de maisons,
surtout en Amérique, on en conserve en esclavage; un grand nombre de peuplades sauvages
aiment aussi à en retenir au milieu d'elles. Les
singes d'Amérique, plus doux que ceux d'Afrique
et de l'Inde, se prêtent bien mieux à cette sorte
d'éducation : car le caractère farouche et très-
souvent intraitable que les derniers prennent en
vieillissant ne permet plus de les garder après
un certain âge. Les variations fréquentes de la
température de nos climats, le froid de l'hiver,
même dans nos régions tempérées, sont très-nui-

sibles à la santé de ceux que l'on y conduit.

Les Quadrumanes ont pour patrie générale les zones intertropicales; on les trouve aux mêmes latitudes à peu près en Amérique, en Afrique, dans l'Inde et dans les îles de l'archipel Indien. Néanmoins, dans quelques contrées, ils sortent de ces limites, et, d'un autre côté, plusieurs points qu'elles comprennent n'offrent aucune espèce de ces animaux. Les pays peu exhaussés au-dessus de la surface de la mer, très-boisés, où la température est fort élevée, sont ceux qui conviennent à leur nature. Aussi en Amérique ne les trouve-t-on que dans les contrées qui sont situées à l'est des Andes, jamais sur ces montagnes ou sur celles qui en sont le prolongement, et rarement sur l'étroite lisière de terrains qui sont à l'ouest de cette chaîne; passé l'isthme de Panama, on n'en rencontre plus vers le nord, et il en est de même pour le Paraguay, au sud. Ainsi les seules contrées de l'Amérique qui offrent des animaux de cette famille sont le Brésil, le Paraguay, les Guyanes et une partie du Mexique.

L'Afrique est peuplée de singes dans tous les lieux où l'on a pénétré; mais le pays du Congo, le Sénégal, le cap de Bonne-Espérance, semblent être leur patrie de prédilection. Deux ou trois espèces au plus se voient sur les côtes de Barbarie, et les mêmes se montrent dans la haute Égypte. L'une d'elles, le magot, vit aussi dans une petite portion de l'Europe, sur le rocher de Gibraltar, et elle est la seule qu'on observe dans cette partie du monde. L'île de Madagascar ne possède aucune espèce de véritables singes : ces animaux y sont représentés par les makis et les autres lémuriens dont nous parlerons ensuite, et qui forment une famille particulière de l'ordre des Quadrumanes.

Il n'y a qu'une espèce de singes en Asie Mineure, en Géorgie, en Syrie, et elle se rencontre aussi dans la Perse ; mais deux ou trois espèces sont signalées comme propres à l'Arabie. La chaîne de l'Himalaya et les montagnes du Thibet sont une limite à l'existence des singes, et on ne les trouve qu'au sud des cimes les plus élevées du globe, c'est-à-dire dans la presqu'île de l'Inde, surtout au voisinage de la mer, au Bengale, à Ceylan, à Malacca, à Sumatra ; les grandes îles de l'archipel Indien, et surtout Bornéo, en renferment, et il paraît que dans quelques provinces méridionales de la Chine il en existe aussi. Tout le nord et les parties est de l'Asie, à l'exception de celles que nous venons de nommer, n'ont aucune espèce de singes. On assure néanmoins que le macaque spécieux se trouve au Japon ; mais le continent entier de la Nouvelle-Hollande, toute la série des îles du grand océan Pacifique manquent d'animaux de ce groupe.

Remarquons que les singes d'Amérique ont des

caractères qui les distinguent de ceux de l'ancien monde, et que parmi les autres Quadrumanes que présentent l'Asie et l'Afrique, on reconnaît différents genres et même différentes familles, dont la répartition géographique n'est pas moins régulière. Les gibbons n'ont de représentants qu'en Asie et dans les îles de l'archipel Indien ; l'orang-outang est aussi confiné dans cette partie du monde, ainsi que les singes à longue queue auxquels M. F. Cuvier a réservé le nom de semnopithèques. Les guenons sont, au contraire, toutes d'Afrique, ainsi que les colobes, et ce n'est que dans la même région que vivent les cynocéphales ; quant aux macaques, il est bien reconnu aujourd'hui qu'il y en a en Afrique, mais que le plus grand nombre d'entre eux est asiatique.

Chimpanzés, orangs-outangs, guenons, semnopithèques, colobes, macaques et cynocéphales, sont autant de genres d'une même famille qu'on appelle collectivement singes de l'ancien monde. Quant à ceux du nouveau monde, ils forment aussi une famille particulière, dont Buffon et Daubenton avaient déjà reconnu les principaux traits. Les Quadrumanes auxquels le nom de singes convient moins bien sont les makis, les galagos, les loris, dont aucune espèce n'habite l'Amérique. Ces animaux, qu'on appelle lémuriens, sont pour la plupart de Madagascar, île si voisine de l'Afrique, et néanmoins si différente de cette con-

trée par ses productions naturelles. Quelques lémuriens, mais en petit nombre, sont propres à
l'Afrique, et ils diffèrent spécifiquement de ceux
de Madagascar; enfin on en a aussi découvert un
petit nombre dans l'archipel Indien; c'est au
même groupes d'îles, et aussi à la partie sud du
continent asiatique qu'appartient le galéopithèque.
Nous devons donc étudier parmi les Quadrumanes
quatre groupes principaux :

1° Singes de l'ancien continent;

2° Singes du nouveau continent;

3° Lémuriens ou makis;

4° Galéopithèques.

§ 1er

SINGES DE L'ANCIEN CONTINENT

Ce sont de tous les Quadrumanes ceux qui ont
avec l'espèce humaine les plus nombreuses res-
semblances. Ils ont de même trente-deux dents,
semblablement distribuées, savoir : deux incisives, une canine et cinq molaires de chaque côté
de la bouche et à chaque mâchoire. Leur queue
n'est jamais susceptible de s'accrocher aux corps,
comme celle des sapajous; et quelques-uns en
sont même complétement dépourvus : tels sont

l'orang-outang, le chimpanzé, le gibbon et le magot. Beaucoup de ces animaux ont des joues extensibles, et la membrane muqueuse qui tapisse la face interne de ces organes se prolonge davantage sur les côtés des mâchoires, de manière à former de chaque côté de la bouche une poche plus ou moins dilatable, appelée abajoue, dans laquelle ces animaux mettent en réserve une partie de leur nourriture. Un autre trait non moins curieux de l'organisation de ces singes et qui leur est spécial, consiste dans les callosités fessières qu'ils présentent; celles-ci sont des plaques de substance cornée, en rapport avec la dilatation de leurs tubérosités ischiatiques, et dont l'insensibilité leur permet de rester assis sur les corps les plus durs, sur les arbres les plus rugueux, sans en souffrir. Les chimpanzés et les orangs manquent de ces callosités, et les autres singes de l'ancien continent sont les seuls qui en présentent. Leurs narines diffèrent aussi de celles des singes d'Amérique en ce que leur cloison est étroite, et qu'elles sont ouvertes plus ou moins au-dessous du nez au lieu de l'être sur les côtés.

A la tête de ces singes se place le chimpanzé.

CHIMPANZÉ

Linné, qui a donné à un grand nombre d'animaux des noms empruntés à la Fable, appelle troglodytes, *simia troglodytes*, l'espèce de singe dont nous parlerons d'abord. Le troglodyte, dont on a fait le genre chimpanzé, est l'animal que Buffon a représenté et dont il a parlé sous le nom de jocko, d'après un individu qu'il a observé vivant. Toutefois il ne faudrait pas croire que tout ce qu'il a dit du jocko doive être attribué à ce singe; car il a confondu avec lui l'orang-outang, qui en est fort différent et qu'il appela d'abord pongo. Depuis il a transposé ces noms, appliquant au chimpanzé ou jocko celui de pongo, et celui de jocko à son ancien pongo, qui n'est autre chose que l'orang-outang parvenu à l'âge adulte.

Le chimpanzé se rapproche plus encore de l'homme par son organisation que l'orang-outang. Ses proportions sont plus humaines; ses membres supérieurs, moins longs que les autres, ne descendent que jusqu'au genou, comme dans notre espèce, au lieu de s'allonger jusqu'au talon, comme dans l'orang; son bassin est plus évasé, ses muscles des membres postérieurs sont plus en harmonie avec les nôtres; aussi les allures de l'animal n'ont-elles point la singularité qu'on remarque dans l'orang. Celui-ci est organisé pour vivre sur les arbres, il se meut au milieu des branches avec une extrême agilité; mais à terre il se traîne, on peut dire avec peine, et toujours en employant ses quatre mains. Il n'en est pas de même du chim-

panzé : ses membres postérieurs lui servent seuls
pour la marche. « L'orang-outang que j'ai vu, dit
Buffon (l'illustre écrivain confond ici, comme nous
l'avons dit plus haut, le chimpanzé avec l'orang),

Chimpanzé.

marchait toujours debout sur ses deux pieds, même
en portant des choses assez lourdes. Son air était
assez triste, sa démarche grave, ses mouvements
mesurés, son naturel doux et très-différent de
celui des autres singes : il n'avait ni l'impatience

du magot, ni la méchanceté du babouin, ni l'extravagance des guenons. Il avait été, dira-t-on, instruit et bien appris; mais les autres que je viens de citer et que je lui compare avaient eu de même leur éducation. Le signe et la parole suffisaient pour faire agir notre orang-outang; il fallait le bâton pour le babouin, et le fouet pour tous les autres, qui n'obéissaient guère qu'à la force des coups. J'ai vu cet animal présenter sa main pour reconduire les gens qui venaient le visiter, se promener gravement avec eux et comme de compagnie; je l'ai vu s'asseoir à table, déployer sa serviette, s'en essuyer les lèvres, se servir de la cuiller et de la serviette pour porter à sa bouche, verser lui-même sa boisson dans un verre, le choquer lorsqu'il était invité, aller prendre une tasse et une soucoupe, l'apporter sur la table, y mettre du sucre, y verser du thé, le laisser refroidir pour le boire, et tout cela sans autre instigation que les signes ou la parole de son maître, et souvent de lui-même. Il ne faisait de mal à personne, s'approchait même avec circonspection, et se présentait comme pour demander des caresses. Il aimait prodigieusement les bonbons, tout le monde lui en donnait, et, comme il avait une toux fréquente et la poitrine attaquée, cette grande quantité de choses sucrées contribua sans doute à abréger sa vie. Il ne vécut à Paris qu'un été, et mourut l'hiver suivant à Londres. Il mangeait presque de tout ; seulement il préférait les fruits mûrs et secs à tous les autres aliments ; il buvait du vin, mais en petite quantité, et le laissait volontiers pour du lait, du thé ou d'autres liqueurs douces. »

Le chimpanzé a le cerveau bien développé; son front est arrondi, mais en partie caché, dans l'âge adulte, par des arcades sourcilières qui prennent un assez grand développement. Sa face est brune et nue, à l'exception des joues, qui ont quelques poils disposés en manière de favoris ; son museau ne prend pas avec l'âge le hideux développement qu'on lui connaît chez la plupart des autres singes et même chez les orangs-outangs adultes. Ses yeux sont petits, mais pleins d'expression; son nez est aplati, et les narines sont disposées obliquement sur les côtés.

Cet animal peut atteindre jusqu'à 1 mètre 65 et même 1 mètre 95 de hauteur; son corps est couvert de poils peu fournis sur certaines parties, principalement à la poitrine et au ventre, et ses mains en sont tout à fait dépourvues à leur face palmaire, ainsi que ses oreilles, qui sont bordées dans une partie de leur pourtour, et remarquables par leurs dimensions assez grandes. Ces poils sont généralement noirs; cependant ceux de ses fesses sont blancs.

La patrie des chimpanzés est une partie de la côte occidentale d'Afrique, principalement les forêts du Congo et de la Guinée. Il ne se trouve

point en Asie, et il constitue une seule espèce très-
facile à reconnaître, quoiqu'on n'en ait observé
jusqu'ici d'une manière positive que le jeune âge.
Pendant ses premières années, il est remarquable
par sa douceur et la facilité avec laquelle il s'apprivoise; mais à mesure qu'il vieillit, il perd la
plupart de ses bonnes dispositions, qui sont remplacées par des instincts moins pacifiques. Il ne
craint point alors d'attaquer l'homme lui-même;
il s'arme d'un bâton et le frappe avec violence,
ou bien saisissant son adversaire il l'étreint avec
force; d'autres fois il combat à coups de pierres.

Le nombre des chimpanzés qu'on a conduits
vivants en Europe est très-restreint; ceux dont il
est question dans les auteurs les plus connus
étaient tout jeunes; l'un deux a été observé et
anatomisé par Tyson. La figure qui accompagne
notre description est une copie réduite de celle
qu'en a donnée ce savant; le second a été vu
par Buffon : son squelette et sa peau bourrée se
voient encore maintenant au muséum de Paris,
et y sont les seuls représentants de leur espèce;
le troisième est mort à Londres, dans le commencement de l'année 1833; MM. Broderip et R. Owen
l'ont observé sous le double rapport de ses mœurs
et de son anatomie.

ORANG-OUTANG, *Simia satyrus.*

La réputation de cet animal est certainement
bien plus étendue que celle de l'intéressante espèce
dont nous venons de parler, ou, si l'on veut, son
nom est beaucoup plus connu, et le plus souvent
on lui a rapporté tout ce qui a trait au chimpanzé
aussi bien que ce qui lui appartient en propre.
Ainsi que nous l'avons vu, le chimpanzé (*simia
troglodytes*) se rapproche de l'homme plus qu'aucun autre singe; il a le même port que lui, ses
proportions sont les mêmes et son intelligence est
supérieure à celle de tous les autres animaux. Le
chimpanzé ne se trouve que dans une partie assez
peu étendue du versant ouest de l'Afrique. C'est,
au contraire, dans l'Inde, et principalement dans
les îles de la Sonde (à Sumatra et à Bornéo), que
vivent les orangs-outangs; leur présence sur le
continent n'a point encore été établie d'une manière positive. On doit remarquer néanmoins que
plusieurs zoologistes de l'Inde soupçonnent l'existence des orangs au Bengale, au Népaul, etc., et
que les collections du muséum de Paris possèdent
une tête envoyée de Calcutta (Bengale), qui est
celle d'un orang-outang peut-être identique à celui de la Sonde. Mais le continent indien possède
aussi un gibbon remarquable surtout pour cette

particularité, qu'il est un des singes qui se portent
le plus vers le nord.

Orang-outang.

La forme du corps de l'orang-outang, ses proportions, même son genre de vie, le rendent

beaucoup moins semblable à l'homme que ne l'est
le chimpanzé; et, sous ces divers rapports, il est
plus voisin des gibbons. Essentiellement destiné à
vivre dans les arbres, où il se nourrit de fruits,
tout en lui a été disposé pour ce genre de vie;
aussi est-il beaucoup moins commodément placé
à terre que ne l'est le chimpanzé. Jamais il ne
marche sur les pieds postérieurs seuls comme ce
dernier, et la disposition même de ses membres
ne saurait le lui permettre. Ses membres antérieurs, beaucoup plus développés proportionnellement que les postérieurs, descendent bien au delà
du genou; car, en plaçant l'animal debout, ils
peuvent atteindre jusqu'aux talons. Leur force est
prodigieuse; leurs doigts sont longs, courbés et
très-bien disposés pour accrocher les branches des
arbres; enfin le pouce est assez court, mais opposable comme chez beaucoup d'autres espèces de
quadrumanes. Quant aux membres de derrière,
ils sont en apparence assez mal conformés, et une
des particularités les plus remarquables qu'ils présentent est l'absence du ligament rond qui unit,
chez tous les animaux, la cuisse au bassin. Cette
singulière disposition, et surtout celle du muscle
de la jambe, donnent à cette partie chez les orangs-
outangs une mobilité fort étendue. Ils s'accrochent
aux arbres avec leurs mains antérieures ou avec
les postérieures, et ils prennent des poses véritablement étonnantes; la force de préhension de

leurs mains est telle, qu'une seule de ces dernières suffirait pour les tenir suspendus pendant des heures entières; et dans ce cas, celles des membres inférieurs sont aussi utilement employées que les autres. Lorsqu'ils cheminent au milieu des forêts où ils vivent, les orangs ont souvent à franchir des espaces dépourvus d'arbres. Si la distance qui les sépare n'est pas des plus considérables, ils s'épargnent parfois la peine de venir à terre en s'élançant d'un côté à l'autre, et, lorsqu'on les poursuit, ce moyen les a mis bientôt hors de la vue du chasseur; mais ils sont bien loin d'avoir cette agilité lorsqu'ils sont à terre, et, lorsque après les avoir vainement poursuivis dans les endroits boisés on les force à entrer en plaine, ils sont plus faciles à prendre, ou plutôt à abattre; car leur force prodigieuse ne permet pas de les saisir vivants, si ce n'est lorsqu'ils sont jeunes encore. A terre, ils marchent légèrement inclinés et en s'appuyant comme les gibbons sur leurs quatre extrémités. Ils plient leurs doigts et posent contre terre la face supérieure de ceux-ci; leur démarche peut véritablement être comparée, dans ce cas, à celle d'un cul-de-jatte.

Quoique ces animaux habitent des contrées plus éloignées que les chimpanzés, on a eu plus souvent l'occasion de s'en procurer, ce qui tient aux relations fréquentes des Européens avec les pays qu'ils habitent. Buffon n'a pas possédé de véritable orang; mais déjà, de son époque, le célèbre P. Camper avait réussi à en étudier sept individus, dont un vivant, et à rassembler des matériaux importants pour leur histoire anatomique. Plusieurs ont été conduits en Angleterre, et y ont vécu quelque temps; enfin la France en a aussi possédé, ou plutôt ils y sont venus mourir; car les vicissitudes du climat, la gêne de leur captivité et mille causes différentes n'ont pas tardé à altérer leur santé. Ceux de l'Angleterre, et à plus forte raison ceux de la Hollande, ont eu le même sort. Quelquefois on a pensé que la taille de l'orang n'était pas supérieure à celle de ces individus qu'on avait pu se procurer vivants, et un autre singe des mêmes contrées, mais bien plus vigoureux, à museau plus allongé, a été décrit comme formant une espèce particulière, et même un autre genre, qu'on a nommé *pongo*. Les pongos qu'on a conservés dans les musées sont bien peu nombreux; les Hollandais, à cause de leurs établissements dans les îles de la Sonde, ont cependant réuni les dépouilles de sept ou huit individus. Les uns sont roux comme les jeunes orangs; d'autres sont noirs; cette différence tient-elle à ce qu'il y a parmi ces animaux une espèce rousse et l'autre brune? C'est ce qui n'est pas démontré; mais ce qui est certain, c'est que les pongos sont véritablement l'âge adulte des orangs-outangs. MM. Rudolphi, Cuvier et de Blainville ont les premiers constaté ce fait.

Le jeune orang qu'on a vu récemment à Paris, où il a vécu six mois, avait été apporté de Sumatra par un bâtiment de commerce de Nantes. Il était remarquable par sa douceur, par son amabilité et un mélange de manières à la fois gauches et intelligentes, selon que les actes qu'on voulait lui voir accomplir étaient plus ou moins en rapport avec la nature de son organisation. Il aimait beaucoup à jouer, surtout avec les enfants; il vivait en quelque sorte familier chez son gardien, suivant le régime du petit ménage qui l'avait accueilli, et subissait tour à tour les réprimandes ou les caresses de son tuteur, suivant la manière dont il avait su se conduire. Jouait-il avec brusquerie, avait-il été gourmand, essayait-il de briser les vitres de son logement ou de mordiller, comme le fait un jeune chien, les personnes qui le visitaient, une correction sévère lui était administrée, et il la recevait, sinon de bonne grâce, du moins avec résignation, cachant sa figure dans ses mains dès qu'on le menaçait, et, quoiqu'il fût peu douillet, versant parfois des larmes s'il avait fallu en arriver aux coups. Il grimpait avec facilité à une corde placée dans son logement. Lorsqu'il s'asseyait, il croisait les jambes comme le font les Turcs et les tailleurs, et dans cette attitude sa physionomie ne rappelait pas peu celle des petites figurines indiennes connues sous le nom de magots de la Chine. Lorsqu'il mangeait, il le faisait assez proprement, et, suivant la nature des aliments, il se servait de la cuiller ou de la fourchette.

LES GIBBONS

Les longs bras des gibbons, le caractère qu'ils ont de manquer de queue, celui qu'ils présentent dans la forme de leurs dents, les rapprochent des orangs; mais ils ont ordinairement des callosités fessières comme les autres singes qui suivront. Toutefois ils n'acquièrent pas, en vieillissant, la force et la brutalité de ceux-ci; leur caractère conserve une partie de sa douceur, de sa lenteur primitive, et le rapport de la face et du crâne n'est pas aussi profondément modifié.

Buffon a connu deux espèces de ce genre, le grand et le petit gibbon, qui sont aujourd'hui les *simia lar* et *leucisca*. Depuis, les recherches des naturalistes dans l'Inde en ont fait connaître plusieurs autres, et le nombre s'en trouve présentement élevé à cinq ou six.

Un des plus remarquables est sans contredit le *gibbon siamang*.

GIBBON SIAMANG, *Simia syndactyla*.

La découverte du simiang est due à MM. Diard et Duvaucel, qui ont fait, dans les îles de la Sonde et dans la presqu'île de Malacca, tant de découvertes zoologiques; et c'est sir Raffles, ancien gouverneur des possessions anglaises dans l'Inde, qui en a le premier donné la description. Les singes de cette espèce sont fort communs dans les forêts de Sumatra, où il est facile de les observer. Dans cette île, soit en esclavage, soit même en liberté, on les trouve ordinairement rassemblés en troupes nombreuses, conduites, dit-on, par un chef que les Malais croient invulnérable; sans doute parce qu'il est plus fort, plus agile et plus difficile à atteindre que les autres. Ainsi réunis, les siamangs saluent le soleil à son lever et à son coucher par des cris épouvantables, qu'on entend à plusieurs milles, et qui de près étourdissent lorsqu'ils ne causent pas d'effroi. C'est le réveille-matin des Malais montagnards, et pour les citadins qui vont à la campagne c'est une des plus insupportables contrariétés.

Par compensation, ils gardent un profond silence pendant la journée, à moins qu'on n'interrompe leur repos ou leur sommeil. Ces animaux sont lents et pesants; ils manquent d'assurance quand ils grimpent, et d'adresse quand ils sautent; de sorte qu'on les atteint toujours lorsqu'on peut découvrir leur retraite. Mais la nature, en les privant des moyens de se soustraire promptement au danger, leur a donné une vigilance qu'on met rarement en défaut; et s'ils entendent, à un mille de distance, un bruit qui leur soit inconnu, l'effroi les saisit aussitôt, et ils fuient. Lorsqu'on les surprend à terre, on les prend sans résistance, soit que la crainte les étourdisse, soit qu'ils sentent leur faiblesse et leur impossibilité d'échapper. Cependant ils cherchent d'abord à fuir, et c'est alors qu'on connaît toute leur imperfection pour cet exercice. Leur corps, trop lourd et trop pesant pour leurs cuisses courtes et grêles, s'incline en avant; et, leurs deux bras faisant l'office d'échasses, ils avancent par saccades, et ressemblent ainsi à un vieillard boiteux à qui la peur fait faire un grand effort.

Le gibbon siamang est à peu près insensible aux bons et aux mauvais traitements; la reconnaissance, la haine paraissent être des sentiments étrangers à ces machines animées. En esclavage ils prennent les aliments avec indifférence, et les portent à leur bouche avec avidité; souvent ils se les laissent enlever sans étonnement. Leur manière de boire consiste à plonger leurs doigts dans l'eau, et à les sucer ensuite.

Les siamangs ont la figure nue et extrêmement laide, ce qu'ils doivent principalement à leur front fuyant, à leurs arcades sourcilières fort développées, à leurs yeux enfoncés, à leur nez large, aplati, dont les narines, placées sur les côtés, sont très-grandes; à leur bouche ouverte, montrant jusqu'au fond des mâchoires, et à leurs

joues enfoncées sous des pommettes saillantes.
Si l'on ajoute à ces traits une poche nue, onc-
tueuse et flasque, en forme de goître, que ces
animaux ont sous la gorge, toutes les autres
parties de leur corps recouvertes de poils longs,
doux, épais et d'un noir foncé, excepté les sourcils et le menton, où ils sont rougeâtres, on se
fera une idée assez juste des siamangs. Ces animaux ont en outre les jambes arquées, tournées
en dedans, et toujours en partie fléchies; de plus,
la poche gutturale dont nous avons parlé a la faculté de s'étendre et de se gonfler, ce qui arrive
lorsque l'animal crie. La taille des siamangs peut
s'élever jusqu'à 1 mètre 15. Il paraît qu'on trouve
parfois des individus de cette espèce qui sont entièrement blancs. M. Raffles a donné aux siamangs
le nom de *simia syndactyla*, c'est-à-dire singes
à doigts réunis, parce que leur doigt indicateur
est étroitement réuni au médius par une membrane dans une partie de son étendue.

PETIT GIBBON, *Simia variegata.*

Nous conservons à cette espèce le nom de petit
gibbon, parce que c'est celui qu'elle porte dans
l'Histoire naturelle de Buffon et de Daubenton.
M. F. Cuvier, dans son Histoire naturelle des
Mammifères, lui donne, d'après Duvaucel, la dénomination de wouwou, qui indique parfaitement

son cri, mais qui appartient plus spécialement au moloch.

Le gibbon sur lequel nous allons donner ici quelques renseignements a la face nue, d'un bleu noirâtre, et quelquefois légèrement teinte en brun; ses yeux sont rapprochés, et d'autant plus enfoncés qu'il n'a point de front, et que ses arcades orbitaires sont fort saillantes. Son menton est garni de quelques poils noirs, et ses oreilles sont en partie cachées par de longs et épais favoris blanchâtres qui s'unissent à un bandeau blanc, large de 14 millimètres, situé immédiatement au-dessus des sourcils. Le pelage est en général brun, avec le dos, les jambes, les fesses et le derrière de la tête fauves ou d'un brun clair.

Ces singes vivent à Sumatra, et se tiennent plus souvent isolés par couples qu'en familles. Bien différents du siamang par leur agilité surprenante, ils échappent ainsi qu'un oiseau, et, comme lui, ne peuvent, pour ainsi dire, être atteints qu'au vol; à peine ont-ils aperçu le danger, que déjà ils ont su se mettre hors d'atteinte. Grimpant rapidement au sommet des arbres, ils y saisissent la branche la plus flexible, se balançant deux ou trois fois pour prendre leur élan et franchissant ainsi plusieurs fois de suite, sans effort comme sans fatigue, des espaces de quarante pieds.

En domesticité, ces gibbons n'annoncent pas

une faculté aussi extraordinaire; s'ils sont moins lourds que le siamang, si leur taille est plus élancée, leurs mouvements plus faciles et plus prompts, ils sont aussi beaucoup moins vifs que les autres singes.

La taille de ces animaux est de 83 à 86 centimètres quand ils sont debout.

LES GUENONS

Après les gibbons viennent les guenons (en latin *cercopithecus*, de deux mots grecs signifiant singe à queue), qui ont, ainsi que leur nom l'indique, une queue ordinairement assez longue, ce qui les distingue tout de suite des espèces que nous avons déjà étudiées. Les guenons doivent néanmoins être rapprochées de celles-ci plus qu'aucun autre singe, puisqu'elles ressemblent plus aux gibbons, aux orangs, etc., que les autres quadrumanes : en effet, elles ont la même forme d'estomac que ceux-ci, c'est-à-dire un estomac simple et non lobé comme chez les semnopithèques, et leurs dents molaires, au nombre de vingt comme chez les autres espèces de l'ancien monde, n'ont point de cinquième tubercule à la dernière dent de la mâchoire inférieure.

Les guenons sont presque toutes particulières à l'Afrique, et se trouvent dans toute l'étendue de cette partie du monde, depuis le cap de Bonne-

Espérance jusqu'en Égypte et en Barbarie. On en trouve aussi quelques-unes en Arabie et même dans l'Inde. Envisagés dans l'ensemble de leurs formes, ce sont des singes à la tête arrondie, mais dont le museau prend, comme celui de presque tous les autres singes, plus de développement chez les sujets adultes que chez les jeunes. Leurs oreilles, médiocres et arrondies, ressemblent assez à celles de l'homme.

Ces animaux vivent dans les forêts : les arbres sont leurs demeures les plus ordinaires et les plus sûres, et la prestesse de leurs mouvements leur permet de les parcourir avec aisance et rapidité. Les guenons sont organisées pour ce genre de vie, et la position inclinée est pour elles la plus commode. En effet, elles sont embarrassées pour marcher à terre; leurs membres ne se détendent pas d'une manière favorable; aussi descendent-elles rarement des arbres.

Gnome est, suivant les étymologistes, la racine du mot *Guenon*, que, dans le langage figuré, on emploie souvent pour désigner une face laide, grimacière et grippée. Les animaux qui portent ce nom ont des mœurs irascibles, colériques, des mouvements capricieux et brusques, et une mobilité d'action qui surpasse tout ce que l'on peut supposer de plus variable et de plus inconstant. Gourmands à l'excès, ils sont peu éducables, et ce n'est que par le châtiment qu'on parvient à les dresser. On doit cependant éviter de les irriter trop fortement; car leur rancune pour les mauvais traitements se prolonge souvent pendant des années entières.

MALBROUCK, *Simia faunus.*

Buffon n'a connu que la femelle du malbrouck, espèce de guenon particulière; ce qui ne l'a pas empêché de se faire de la nature de ce singe une idée fort exacte. Encore jeune, le malbrouck est docile et affectueux; mais dès l'âge adulte il devient ordinairement méchant, même pour ceux qui le soignent. La circonspection est une des qualités principales du caractère de cette espèce; cependant les malbroucks sont excessivement irritables; mais si d'un côté ils sont violemment poussés par leurs penchants, de l'autre ils calculent tous leurs mouvements avec soin; lorsqu'ils attaquent, c'est toujours par derrière et quand on n'est point occupé d'eux; alors ils se précipitent sur vous, vous blessent de leurs dents et de leurs ongles, et s'élancent aussitôt pour se mettre hors de votre portée, mais sans cependant vous perdre de vue, et cela autant pour saisir le moment favorable à une nouvelle attaque que pour se soustraire à votre vengeance.

La couleur du malbrouck est gris-verdâtre en dessus et blanchâtre en dessous; les poils des joues et un bandeau sous les sourcils sont aussi de cette couleur; ceux des joues sont longs et dirigés en arrière.

LE GRIVET, *Simia grisea*.

C'est une autre espèce de guenon, dont la connaissance est due à M. F. Cuvier, et dont l'histoire n'est pas encore tout à fait complète. Sa patrie est le cap de Bonne-Espérance.

CALLITRICHE, *Simia sabœa*.

La guenon callitriche, qu'il ne faut pas confondre avec les singes d'Amérique auxquels on a donné le même nom, est, avec le malbrouck, une des espèces que l'on voit le plus fréquemment dans nos ménageries; elle vient d'Afrique, et porte en latin le nom de *simia sabœa;* on l'appelle vulgairement *singe vert*, son pelage étant d'un vert olivâtre en dessus, et d'un blanc sale en dessous; son visage est entièrement noir, et sa queue est, à l'extrémité, teinte de jaune-orangé. Le callitriche est de Mauritanie, du Sénégal et des îles du Cap-Vert.

MONE, *Simia mona*.

Ce singe, qui est un des plus communs et des mieux connus, est, avec le magot, un de ceux qui souffrent le moins de la température de notre climat : cela seul suffirait pour prouver qu'il n'est pas originaire des pays les plus chauds de l'Afrique et de l'Inde; il se trouve, en effet, en Barbarie, en Arabie, en Perse et dans les autres parties de l'Asie qui étaient connues des anciens. On l'avait, à cette époque, désigné sous les noms de *kebos*, *cebus*, *cœphus*, à cause de la variété de ses couleurs. La mone a la face brune, avec une espèce de barbe mêlée de blanc, de jaune, et d'un peu de noir sous la gorge, le menton, les joues et la région parotidienne; le poil de dessus sa tête et de son cou est mêlé de noir et de jaune; celui du dos, de roux et de noir; le ventre est blanc, ainsi que l'intérieur des cuisses et des jambes; mais l'extrémité de celles-ci est noirâtre, ainsi que les pieds, et la queue d'un gris foncé, avec une petite tache noire de chaque côté de son origine.

Quelques-uns donnent à cette espèce le nom de *mone;* d'autres, à cause de sa barbe, l'ont appelée *le vieillard;* mais la dénomination vulgaire sous laquelle la mone est la plus connue est celle de *singe varié;* et cette dénomination répond parfaitement à celle de *kebos*, que lui avaient donnée les Grecs, et qui, par la définition d'Aristote, désigne un *singe à longue queue et de couleurs variées.* Buffon a laissé en propre à cette espèce le nom de *mone,* qui s'applique dans l'Orient à tous les singes à longue queue.

PATAS, *Simia rubra.*

Le patas est connu depuis longtemps, et la couleur particulière qui le distingue n'a pas permis qu'il devînt un sujet d'erreur en synonymie; il se trouve principalement dans les contrées orientales de l'Afrique.

NISNAS, *Simia pyrrhonotos.*

A côté du patas, il faut placer, comme ayant avec lui beaucoup de rapports, le *nisnas,* qui a été distingué plus récemment par deux voyageurs prussiens, MM. Hemprich et Ehrenberg. Le nisnas est un peu plus grand que le patas. La couleur rousse de ses parties supérieures est moins étendue, et son front présente un triangle d'une teinte plus foncée que le reste de sa tête, qui le fait assez aisément reconnaître. Il vit dans la haute Égypte.

LES SEMNOPITHÈQUES

On doit à M. Fr. Cuvier d'avoir indiqué ce groupe de singes de l'ancien monde, dans lequel se place un nombre assez considérable d'espèces asiatiques plus ou moins nouvellement observées, et auxquelles on doit joindre : 1° les espèces africaines qui manquent de pouces, c'est-à-dire les colobes d'Illiger; 2° les nasiques, qui sont de l'Inde, mais qui se distinguent par leur nez, plus prolongé que celui des anciens singes ; 3° les doucs, que de fausses indications avaient fait prendre à M. Geoffroy pour le type d'un genre particulier. Nous commencerons par ceux-ci.

Tous ces animaux se font remarquer par les proportions grêles de leurs corps, l'allongement de leurs membres et de leur queue, l'aplatissement de leur face. De plus, ils ont, comme la plupart des espèces qui vont suivre, un cinquième tubercule à la cinquième molaire postérieure de la mâchoire d'en bas, et leur estomac offre la singulière particularité de n'être point un simple sac, comme celui de l'homme et de la plupart des singes. Il est, au contraire, traversé par des bandes musculeuses qui le font paraître irrégulièrement lobé. Cette disposition, que M. Otta a le premier remarquée, et que MM. Rich Owen, Duvernoy, etc., ont constatée chez quelques espèces inconnues à ce savant, est en rapport avec le mode de nourriture presque entièrement frugivore de ces animaux.

SEMNOPITHÈQUE DOUC, *Simia nemœus.*

Le douc a été connu de Buffon ; mais une erreur, celle dont nous venons de parler, s'est glissée dans la description qu'il en a donnée. En effet, le douc ne manque point des callosités fessières des autres singes, ainsi que l'avait d'abord pensé Buffon ; il ne s'éloigne pas d'eux sous ce rapport. Mais il est facile à caractériser par la disposition de ses couleurs, qui ne manquent pas d'agrément. Le dessus de sa tête est brun, avec un bandeau étroit de couleur roux-marron; les poils de ses joues sont longs et blanchâtres; ses épaules sont noires; son dos, son ventre, ses flancs et ses bras sont gris-verdâtre; sa queue est blanche, et ses jambes sont colorées d'un roux vif; la face est en partie de cette couleur.

Les doucs vivent par familles plus ou moins nombreuses, et sont communs aux environs de Touranne, dans les espaces boisés qui couvrent le littoral. La vue des Cochinchinois les effraie peu; ceux-ci, en effet, les laissent dans une sécurité parfaite, et ne songent pas même à tirer de la belle fourrure de ces animaux tous les avantages qu'ils pourraient en obtenir.

Le douc a 1 mètre environ de hauteur; sa queue est longue, comme celle de tous les autres semno-pithèques.

NASIQUE, *Simia nasalis.*

Cette espèce vit à Bornéo, et probablement en Cochinchine. Elle est de la taille du précédent, et s'en distingue par son pelage, dont la couleur, généralement fauve, passe au roux clair sur la poitrine, le cou et les bras. Mais c'est surtout par son nez qu'elle se fait remarquer. Elle a cet organe très-large, fort allongé, et percé inférieurement de deux énormes narines.

ENTELLE, *Simia entellus.*

C'est à feu Dufresne, naturaliste du muséum de Paris, que l'on doit la caractéristique de cette espèces de singes qui appartient également au genre des semnopithèques. Sa distinction ne remonte donc pas à une époque bien reculée; ce qui n'étonnera pas peu lorsqu'on saura que l'entelle est un des quadrumanes les plus communs au Bengale. Mais c'est précisément à cette dernière circonstance qu'il faut attribuer l'ignorance où l'on est resté pendant longtemps à son égard, puisque le plus souvent, et c'est parfois bien à tort, les voyageurs négligent de récolter les espèces qu'ils trouvent avec le plus d'abondance dans les pays connus depuis longtemps.

L'entelle frappe au premier abord par le contraste de la couleur noire de son visage et de ses mains avec celle du reste de son corps, entièrement recouvert d'un pelage blanchâtre, et par la direction des poils qui entourent sa face, et qui lui forment au-dessus des sourcils une sorte de toupet saillant, et sur la mâchoire une barbe qui, au lieu d'être pendante, se dirige en avant dans le sens de la mâchoire. La longueur du corps, de l'occiput à l'origine de la queue, est de 35 à 37 centimètres, et celle de la queue de 70 centimètres.

Ce singe reçoit des Indiens le nom de *houlman.*

Ainsi que nous l'avons déjà dit, il est très-respecté de ces populations, qui l'ont déifié, et qui lui donnent même, dit Duvancel, une des premières places parmi leurs trente millions de divinités. Son apparition dans le bas Bengale a lieu principalement vers la fin de l'hiver. Mais, continue le voyageur que nous venons de citer, je n'ai pu d'abord m'en procurer ; car, quelque zèle que j'aie déployé dans mes recherches et mes poursuites, elles sont toujours restées infructueuses, à cause des soins empressés qu'ont mis les Bengalis à m'empêcher à tirer une bête aussi respectable, après laquelle on doit nécessairement mourir, et dans la même année, si l'on a été assez pervers pour lui causer malheur. Aussitôt que les Hindous voyaient mon fusil, ils chassaient ce singe, qui est des plus singuliers, et pendant plus d'un mois qu'ont séjourné à Chandernagor sept ou huit entelles qui venaient presque dans les maisons chercher les offrandes des fils de Brama, mon jardin s'est trouvé entouré d'une garde de pieux brames qui jouaient du tam-tam pour écarter le dieu quand il venait manger mes fruits.

COLOBE GUEREZA, *Simia guereza.*

La colobe guereza, dont nous devons dire un mot, se distingue spécifiquement des autres singes de l'Afrique par la couleur noire veloutée de presque toutes les parties de son pelage, si ce n'est du front, du cou et de la gorge, qui sont entièrement blancs, ainsi qu'au cercle de longs poils qui s'étend depuis les épaules jusque au-dessous des reins, en longeant les côtés du corps; la moitié supérieure de sa queue est blanche; les ongles et les pieds sont, au contraire, de couleur noire.

La guereza vit en Abyssinie; c'est au D. Ruppel qu'on en doit la description la plus complète. Il se tient sur les arbres élevés et dans le voisinage des eaux courantes; il est agile, vif sans être bruyant, et d'un naturel tout à fait inoffensif; sa nourriture consiste en fruits sauvages, en graines, en insectes, etc. Il fait des provisions durant le jour, et passe la nuit à dormir sur les arbres. On ne les trouve que dans les provinces de Godjam, de Koulle, et plus particulièrement de Damot. Dans cette dernière, les indigènes le chassent, et c'est pour eux un attribut de distinction que de posséder un bouclier couvert de la peau de ce singe à l'endroit où elle porte de longs poils. *Guereza* est le nom abyssinien des animaux de cette espèce.

MACAQUES

Les Portugais, lorsqu'ils s'établirent sur la côte occidentale de l'Afrique, importèrent en Europe

le nom de *Macaco*, que les nègres du Congo don-
naient à quelques espèces de guenons, et probablement à des magabeys. Ce terme, introduit dans
notre langue, fut changé en celui de *Macaque*, par
lequel le vulgaire désigne indistinctement toutes
les petites espèces de singe, mais que les naturalistes ont réservé à quelques animaux indiens du
même groupe.

Les macaques, si l'on accorde à ce mot l'accep-
tion que lui donnent les zoologistes, sont donc des
singes de l'ancien monde qui, à l'exception d'un
très-petit nombre parmi lesquels se trouve le
magot, vivent dans le sud de l'Asie et dans les
grandes îles qui en sont voisines. Ces animaux
font la transition des guenons et des semnopithèques aux cynocéphales; leur système dentaire af-
fecte la même disposition que celui des semnopithèques, sauf chez le magot, qui présente, ainsi
que nous le verrons, deux tubercules supplémentaires à la dernière molaire d'en bas, ce qui lui
en fait six en tout à cette dent au lieu de cinq. Les
dents des macaques sont d'ailleurs au nombre de
trente-deux, et leur museau est d'autant plus
proéminent qu'ils sont plus avancés en âge.

Ces quadrumanes sont pourvus d'abajoues,
c'est-à-dire que leurs joues sont lâches et dila-
tables, afin de recevoir provisoirement les provisions qu'ils y emmagasinent. Ces singes ont le
poil de nature soyeuse; et les couleurs qu'ils pré-

sentent ne varient guère que du noir au fauve et au gris verdâtre. Ils sont doués d'une grande intelligence dans leur jeunesse; mais, à mesure qu'ils vieillissent, ils deviennent méchants et intraitables.

Les principales espèces de macaques sont les suivantes : la plus commune est celle que Buffon appelait seule du nom de *macaque*. C'est le *Simia cynomolgos* des méthodistes.

MACAQUE BONNET-CHINOIS, *Simia sinica*.

Le bonnet-chinois habite le Bengale, où les dogmes de la religion de Brama lui ont mérité de la part des Hindous une grande part du respect qu'ils accordent aux autres animaux. Les mœurs de celui-ci ne diffèrent point de celles de la plupart des macaques; elles sont vives, pétulantes, capricieuses, et semblent être un mélange de brusquerie et de malice, de finesse et de méchanceté. Ce singe est plus particulièrement de la côte de Malabar; introduit accidentellement dans l'île Maurice, il s'est établi dans les rochers crevassés de la montagne du Pouce, et s'est rendu redoutable aux habitants, par les maraudes continuelles auxquelles il se livre dans les vergers. Il est encore douteux si le *macaque-aigrette* de Buffon est une variété du bonnet-chinois, ou s'il en diffère spécifiquement.

MACAQUE OUENDEROU, *Simia silenus.*

Son nom d'ouenderou lui a été donné par Buffon, qui l'emprunta au voyageur Knox, le premier qui ait clairement décrit ce quadrumane. « A Ceylan, dit-il, se trouvent des singes aussi grands que nos épagneuls, qui ont le poil gris, le visage noir avec une grande barbe blanche d'une oreille à l'autre : on les nomme ouenderous; ils font peu de mal aux terres cultivées, et se tiennent ordinairement dans les bois, où ils ne vivent que de feuilles et de bourgeons; mais quand ils sont en captivité, ils mangent de tout. » L'île de Ceylan n'est pas la patrie exclusive de cet animal; plusieurs voyageurs, et entre autres le père Vincent-Marie, l'ont rencontré sur la côte de Malabar.

L'ouenderou atteint communément 649 millimètres pour la longueur de sa tête et de son corps, et 270 millimètres pour celle de la queue. Cet animal n'est pas très-rare dans les ménageries.

MACAQUE RHESUS, *Simia rhesus.*

Ce singe, que Buffon avait nommé patas à courte queue, a été décrit par Aubert sous le nom que les naturalistes lui ont conservé depuis. De mœurs excessivement sauvages, il paraît difficile à apprivoiser : d'abord hargneux, puis capricieux et méchant par boutades, il acquiet avec l'âge un caractère des plus intraitables. Les morsures qu'occasionnent ses canines, fort développées, sont, dit-on, quelquefois dangereuses. C'est sur le continent de l'Inde qu'il vit, et il s'y tient par troupes nombreuses, qu'on rencontre dans les forêts qui bordent le Gange. Bien qu'il soit nuisible et méchant, les Hindous ne l'en prennent pas moins sous leur protection; aussi ne craint-il pas de s'aventurer jusque dans leurs villes.

MACAQUE MAIMON, *Simia nemestrina.*

Le maimon, appelé aussi singe à queue de cochon, a près de 595 millimètres de longueur totale sur 568 millimètres d'élévation, tandis que sa queue est très-courte, et se recourbe en dessous, non loin de son origine. Son pelage est brun, noir en dessous, avec quelques teintes verdâtres, et d'un brun clair aux parties inférieures.

MAGOT, *Simia inuus.*

Le magot, dont quelques auteurs font un genre distinct, qu'ils appellent en latin *inuus*, diffère surtout des macaques par sa dernière molaire de la mâchoire inférieure, qui présente deux tubercules supplémentaires au lieu d'un seulement; ce n'est que chez le magot qu'on remarque cette particularité.

Ce quadrumane diffère encore des espèces de
la même famille par quelques caractères qui sont
extérieurs et par conséquent plus faciles à saisir:
il manque complétement de queue, et n'a cet organe représenté que par un simple tubercule, ou
plutôt par l'extrémité de son coccyx, qui forme,
au-dessous de la peau, une légère éminence; sa
face est assez allongée, surtout dans l'âge adulte;
mais ses narines ne sont point terminales comme
celles des cynocéphales.

Le magot, dont on ne connaît qu'une espèce,
habite les régions septentrionales de l'Afrique, et
se trouve aussi dans une partie de l'Europe; on
dit, en effet, qu'il vit en liberté et se perpétue
dans les rochers de Gibraltar, c'est-à-dire à l'extrémité tout à fait sud de la péninsule espagnole.

Habitant des contrées peu éloignées de l'Europe,
le magot est un des singes qu'on y transporte le
plus souvent; la douceur de son caractère, et la
facilité avec laquelle il s'apprivoise dans son jeune
âge, le rendent d'ailleurs préférable à beaucoup
d'autres espèces. Docile, soumis, autant que vif et
intelligent, il se plie facilement dans cet âge à la
servitude, et retient aisément les tours que les
jongleurs lui apprennent; mais toutefois son caractère étourdi et capricieux lui attire dès lors de
nombreuses corrections; et lorsqu'il est plus âgé,
ses penchants se dénaturent, son humeur s'aigrit,
son caractère devient moins traitable, et il s'a-

bandonne alors à toute la frénésie de ses sauvages inclinations. On doit le priver du peu de liberté qu'on lui accordait à cette époque, si l'on ne veut

Magot.

s'exposer à le voir chaque jour attaquer avec violence les personnes qui se présentent à lui, déchirer leurs vêtements, ou les mordre au visage avec fureur.

Le magot atteint la taille d'un chien épagneul;

son pelage est très-fourni, et les teintes qui le colorent sont, sur la tête, les joues, le cou, les épaules, la partie antérieure du dos, et la région externe des membres antérieurs, d'un jaune doré assez vif, mélangé de quelques poils noirâtres; la poitrine et l'abdomen, ainsi que le dedans des membres et le bas des joues, sont d'un gris jaunâtre; la face est entièrement nue, et les oreilles sont d'une couleur de chair livide; les mains sont noirâtres et presque entièrement poilues, et les poils des joues retombent sur les côtés du cou, sous la forme de favoris; de même que chez les chimpanzés et chez les orangs, les poils implantés sur les avant-bras des magots se dirigent de bas en haut, et par conséquent en sens contraire de ceux du bras.

On doit rapprocher des magots, à cause de la brièveté de leur queue, mais non point à cause de leurs dents, qui ont le même nombre de tubercules que celles des macaques, quelques espèces de ce dernier genre, parmi lesquelles il faut citer:

1° Le macaque nègre, dont une très-jolie figure, accompagnée d'une description exacte, vient d'être publiée, dans le *Voyage de la corvette l'Astrolabe*, par MM. Quoy et Gaymard. Ce quadrumane vit à Célèbes, dans les Moluques et aux Philippines.

2° Le macaque à face rouge, *macacus speciosus*, Fr. Cuvier. Celui-ci se rapproche davantage encore du magot, et M. Temminck le place dans le même genre que lui, sous le nom d'*inuus speciosus*. Ce qu'il y a de remarquable, c'est que cette seconde espèce de magot est d'une patrie tout à fait opposée à celle du magot, puisque c'est dans les îles du Japon qu'elle habite. M. Temminck dit qu'elle est le seul singe que l'on y trouve.

LES CYNOCÉPHALES

Quelques mammalogistes modernes réunissent sous cette dénomination plusieurs espèces de singes propres à l'Afrique, parmi lesquels se placent celles que les anciens ont appelées *chœropithecos*, c'est-à-dire singe-cochon. Le mot de *cynocéphale*, qui veut dire tête de chien, était surtout appliqué au magot adulte.

Le pelage de ces singes se compose de poils généralement touffus, mais plus épais cependant sur les parties supérieures du corps : la face et les mains en sont ordinairement privées, ou du moins elles n'en montrent qu'en très-petite quantité. Ce n'est guère qu'en se servant à la fois de leurs quatre membres que les cynocéphales marchent ordinairement; mais leur encolure massive et leurs muscles puissants leur donnent une énergie et une force prodigieuses. Ils gravissent les rochers et grimpent sur les arbres avec une prestesse peu commune, et les endroits qu'ils préfèrent sont toujours les lieux les plus déserts et les plus escarpés. Avec leurs longues canines, ils peuvent faire de dangereuses blessures. Leur voix aigre est tantôt un aboiement rauque, tantôt un grognement sourd et étouffé; leur face hideuse et méchante, leurs appétits brutaux, font de ces singes des êtres indomptables dont rien ne peut adoucir la férocité naturelle.

La nourriture des cynocéphales ne consiste qu'en fruits ou en graines, régime qui s'accorde peu avec leurs mœurs farouches. Dans l'état de liberté, ils vivent par troupes dans des cantons que chacun d'eux affectionne, et dont ils chassent impitoyablement ceux qui tenteraient de s'y établir. Tous ne redoutent pas les attaques de l'homme; et c'est, dit-on, à coups de pierres et de branches d'arbres qu'ils essaient de repousser les visites importunes. Leurs dévastations les ont rendus redoutables aux habitants du pays où ils vivent; et l'on assure que, lorsqu'ils projettent de dépouiller un verger, ils ont soin de placer des vedettes dont la vigilance répond du salut de la troupe. On suppose que la durée de leur vie est de cinquante ans environ, et, comme leur accroissement est lent, ils ne prennent guère les formes adultes avant sept à huit ans.

On n'a point d'exemples de cynocéphales parvenus à l'état complet de développement qui soient restés apprivoisés; il n'ont même jamais conservé la moindre reconnaissance pour ceux qui les soignent : toujours hargneux, sans cesse disposés à mordre, il est bien rare de les voir déposer un instant leur air sauvage et méchant.

Tous les cynocéphales sont originaires d'Afrique, et se trouvent plus abondamment dans les parties intertropicales, bien qu'on en connaisse de l'Arabie Déserte et des environs du cap de Bonne-Espérance. Parmi les curiosités rapportées d'Égypte par le célèbre voyageur Belzoni, se trouvait une momie parfaitement bien conservée d'un *cynocéphale tartarin hamadryas*, reconnaissable à sa longue chevelure et à son long camail de poils. Il paraît démontré qu'une autre espèce du même genre, le *simia cynocephalus*, appelé en français babouin, avait des temples à Hermopolis; et on en trouve des figures reconnaissables sur la plupart des monuments égyptiens. Il est même très-probable que le sphinx, dénaturé par la mythologie grecque, n'était qu'une légende à laquelle avait donné lieu l'hamadryas. Chez les Égyptiens, ce singe était le symbole de *Tot* ou Mercure.

Les espèces du genre cynocéphale sont le babouin, le papion, le chaima, le tartarin, le mandrill et le drill, que nous allons décrire successivement.

BABOUIN, *Simia cynocephalus*.

Le babouin vit dans l'Afrique septentrionale, en Égypte et en Barbarie. Sa taille la plus ordinaire est de 67 à 69 centimètres de longueur, sans y comprendre la queue, dont les dimensions sont de 53 à 60 centimètres; son museau est nu et de couleur livide de chair; d'épais favoris blanchâtres couvrent ses joues; son pelage est tout entier d'un jaune verdâtre, formé de poils jaunes et légèrement annelés de noir : cette teinte est beaucoup plus claire sur les parties inférieures.

PAPION, *Simia sphinx*.

Ses proportions communes, mesurées de l'extrémité du nez jusqu'à la queue, sont de 75 centimètres, sur 70 centimètres d'élévation; la peau dénudée de ses mains, ses oreilles et sa face sont d'un noir intense, l'ensemble de son pelage est jaunâtre à reflets bruns, ce qui est dû à ce que chaque poil est annelé de noir et de bleu clair; ceux des joues sont fauves et disposés en favoris épais; et ceux du cou sont plus longs que tous les autres.

CHAIMA OU CYNOCÉPHALE-PORC, *Simia porcaria*.

Il a des formes massives et trapues. Ses membres sont même courts proportionnellement à l'ampleur du corps. Il a le pelage en général d'un noir verdâtre, plus clair sur les épaules et sur les flancs que le long du dos. Un individu âgé d'environ quinze ans qui a vécu à la ménagerie de Paris avait la tête longue de 32 centimètres depuis le bout du museau jusqu'à l'occiput; la dimension de sa queue était de 54 centimètres; sa hauteur aux épaules, de 65 centimètres, et au train de derrière, de 90 centimètres à peu près. Le *simia porcaria* vit par troupes de trois ou quatre individus seulement, sur les montagnes qui avoisinent les bois de l'Afrique australe, à plus de 42 myriamètres de distance de la ville du Cap.

TARTARIN, *Simia hamadryas.*

Celui-ci a ordinairement le corps long de 65 centimètres; et la queue, de 40 centimètres; sa tête, mesurée depuis l'occiput jusqu'au bout du museau, a 21 centimètres; son corps est trapu et vigoureux. Il est de l'Afrique orientale et de l'Arabie; quelques auteurs pensent que c'est de lui qu'a parlé Diodore sous le nom de sphinx. Ce singe est représenté dans les bas-reliefs du sanctuaire d'Essaboua, si l'on en juge par la quarante-cinquième planche (figure A) des Monuments de la Nubie par Gau, où il est très-reconnaissable.

MANDRILL, *Simia mormon.*

De tous les animaux dont nous avons à parler, le mandrill est le plus remarquable par la profusion des riches couleurs qui ornent les parties du corps qui sont privées de poil ; le rouge de feu, le violet le plus éclatant, l'azur le plus pur, sont répandus avec élégance sur sa face ou sur les larges nudités de ses fesses. Ce singe est aussi un des plus robustes ; et comme il est un des plus cruels, il légitime tout ce qu'ont dit les anciens voyageurs sur les mœurs des cynocéphales : de là sans doute provient le nom de *man-drill*, ou homme satyre, que lui ont donné les matelots hollandais qui fréquentèrent les premiers, sur des bâtiments européens, la côte occidentale d'Afrique. Celui dont nous indiquons en ce moment les principaux traits caractéristiques atteint jusqu'à 1 mètre 46 lorsqu'il se tient debout ; sa queue est fort courte, et n'a guère que 54 millimètres ; mais ses membres sont d'une vigueur remarquable. Avec l'âge sa face s'allonge et se colore d'une manière singulière d'un mélange de bleu, de rouge et de vert.

La taille des mandrills égale celle des chiens de forte race, et leur force, ainsi que leur férocité, dépasse beaucoup celle de ces quadrupèdes.

LE DRILL, *Simia leucophœa.*

Le drill ne diffère du précédent que par des nuances si peu frappantes, que tous les auteurs, jusqu'à **M. Fr.** Cuvier, ne l'en distinguèrent pas d'une manière certaine; il en a aussi les mœurs, et son pelage est de même d'un brun verdâtre; mais sa face entièrement noire et sa taille un peu moindre le distinguent très-nettement.

Le drill et le mandrill habitent la Guinée. Le premier n'est connu que depuis le commencement de ce siècle; mais le second l'est, au contraire, depuis très-longtemps. Buffon en a donné la description et la figure dans son quatorzième volume.

§ II

SINGES DE L'AMÉRIQUE

Les naturalistes ont donné le nom de *cebus* aux espèces de l'ordre des quadrumanes qui sont particuliers au nouveau continent. Ces animaux se distinguent surtout de ceux que nous venons d'étudier par quelques caractères qui les éloignent plus encore de l'homme. La plupart ont, en effet, trente-six dents, et non trente-deux, comme l'espèce humaine et les singes d'Asie et d'Afrique; ils ont toujours une queue, et chez beaucoup d'espèces cet organe est, comme on dit, *préhensile*, c'est-à-dire susceptible de s'enrouler aux corps pour les saisir : il est alors dénudé dans une partie de son extrémité. De plus, les singes d'Amérique n'ont jamais les callosités fessières que nous avons vues à la plupart de ceux que nous venons d'étudier; ils n'ont point non plus d'abajoues. Ajoutons que leurs narines, ainsi que Buffon et Daubenton l'ont fait remarquer, sont très-éloignées l'une de l'autre et séparées par une très-large cloison. Les espèces les moins élevées dans la série des cebus ou singes d'Amérique, sont celles qui ont la queue *lâche*, c'est-à-dire non prenante; quelques-unes d'entre elles ont les pouces des pieds postérieurs rapprochés des autres doigts, et peu ou point opposables à ceux-ci. Parmi ces dernières, quelques-unes, telles que les ouistitis, n'ont plus que trente-deux dents. Ce caractère semblerait d'abord devoir les rapprocher plus qu'aucun autre des pithéciens ou singes de l'ancien monde; mais toutes les autres modifications sont trop profondes pour permettre ce rapprochement.

† *Espèces à queue prenante et nue à son extrémité.*

Si l'on excepte les cétacés, les kanguroos et quelques autres, il n'est point de Mammifères chez lesquels la queue remplisse de plus importantes fonctions et jouisse d'une aussi grande force que chez ceux-ci. C'est, en quelque sorte, une cinquième main, à l'aide de laquelle l'animal peut, sans mouvoir son corps, saisir au loin les objets qu'il veut atteindre, ou se suspendre aux branches des arbres.

LES HURLEURS OU ALOUATES

En tête de ces animaux se placent les hurleurs ou alouates (*stentor*), qui forment un genre assez naturel, caractérisé par des membres de longueur moyenne, à cinq doigts, une tête pyramidale, avec le museau allongé et le visage oblique; de plus, la mâchoire inférieure des hurleurs est très-développée et loge entre ses branches l'hyoïde, qui présente une forme tout à fait particulière. Le corps de cet os est transformé en une sorte de caisse à parois très-minces et élastiques, qui présente en arrière une large ouverture : cette caisse a jusqu'à 5 centimètres environ dans son diamètre antéro-postérieur, 3 dans son diamètre transversal, et 5 dans son diamètre vertical ; elle est en rapport avec le larynx : aussi contribue-t-elle à donner à la voix de ces animaux une étendue qu'on se figure difficilement. Les hurleurs ou les stentors, car l'un ou l'autre de ces noms indiquent parfaitement leurs habitudes, poussent, en effet, des cris assourdissants et peuvent se faire entendre à plus de deux kilomètres à la ronde.

Leur voix prodigieuse est rauque et désagréable. Azara la compare au craquement d'une grande quantité de charrettes non graissées, et d'autres voyageurs aux hurlements d'une troupe de bêtes féroces. Ces singes se font entendre de temps en temps, dans le courant de la journée; mais c'est surtout au lever et au coucher du soleil, ou à l'approche d'un orage, qu'ils poussent leurs cris effroyables et qu'ils le prolongent le plus long-temps. Les personnes qui les entendent pour la première fois ne peuvent croire que difficilement qu'ils en soient la cause; plutôt admettraient-elles que les montagnes qui les environnent s'é-croulent avec fracas.

Quelques voyageurs assurent que les hurleurs se taisent quand on approche d'eux : quelques autres affirment, au contraire, qu'ils redoublent leurs cris, et que leur principal moyen de défense, lorsqu'ils sont attaqués, est de faire le plus de bruit possible. Ils cherchent en même temps à éloigner l'agresseur en lui jetant des branches d'arbres, et aussi en lançant sur lui leurs excré-ments. Au reste, ces animaux, qui sont extrême-ment nombreux dans certains endroits, sont fort rarement attaqués par les chasseurs, leur peau n'étant que peu employée : leur chair néanmoins paraît être d'un goût assez agréable, et on la com-pare à celle du lièvre ou du mouton, ce qui n'est pas tout à fait identique. Comme ils se trouvent toujours sur les branches élevées des grands arbres, les flèches et les armes à feu peuvent seules les atteindre ; encore, avec leur secours même, a-t-on beaucoup de peine à se procurer un certain nombre d'individus de l'espèce des hurleurs, parce que, s'ils ne sont pas tués sur le coup, ils s'accrochent avec leur queue à une branche d'arbre, et y restent suspendus après leur mort.

Les espèces du genre alouate sont au nombre de sept ou huit ; elles se trouvent surtout au Brésil, en Colombie, en Guyane, etc. Leur taille la plus ordinaire est celle du magot ; ce sont, parmi les singes américains, les moins faciles à soumettre. Les plus communs dans les collections sont : le hurleur alouate, *stentor seniculus*, et le hurleur ursin, *stentor ursinus,* appelés aussi *cebus seniculus* et *cebus ursinus.*

ATÈLES

Ces animaux, dont on connaît maintenant une dizaine d'espèces, semblent représenter parmi les singes du nouveau monde les semnopithèques, qui sont de l'ancien continent. Ils ont à peu près la même conformation de tête, sauf le caractère des narines, beaucoup plus écartées chez eux qu'elles ne le sont chez les semnopithèques ; ils ont en outre de commun avec ceux-ci l'extrême agilité de leurs membres, le peu de volume de leur corps et la longueur de leur queue. Chez les atèles, cet organe est dénudé à son extrémité, et susceptible de saisir les corps; les membres antérieurs ont leur pouce très-court, comme cela se voit chez quelques semnopithèques, ou même tout à fait nul, comme on le voit chez plusieurs espèces du genre avec lequel ils ont tant de ressemblance.

Les atèles, dont le nom signifie animaux sans pouce, bien qu'il y en ait parmi eux qui soient pourvus de cet organe, et dont un a même reçu la dénomination assez contradictoire d'atèle pentadactyle ou à cinq doigts, les atèles sont, disonsnous, essentiellement organisés pour vivre dans les arbres : ils y montrent une extrême agilité. Lorsqu'au contraire on les place à terre, rien n'est plus maladroit que leurs mouvements; ils se traînent plutôt qu'ils ne marchent, en allongeant alternativement leurs longues jambes et leurs longs bras, en même temps qu'ils attachent aux corps voisins leur queue mobile comme un serpent; au lieu d'appliquer leurs doigts ou la plante de leurs pieds sur le sol, comme le font la plupart des autres singes, ils marchent en s'appuyant sur le côté interne de leurs mains ou sur le côté externe de leurs pieds. Ces allures et leurs formes disgracieuses les ont fait comparer à des araignées; on les a vulgairement nommés *singes-araignées*; et l'un d'eux a même reçu des naturalistes la dénomination d'arachnoïde. Mais sur les arbres ils sont, au contraire, d'une extrême agilité et d'une adresse remarquable. Ils les parcourent avec rapidité, et, s'aidant des plus petites branches, ils s'élancent d'un arbre à l'autre, même quand un assez grand intervalle les sépare. Comme ils se nourrissent de fruits, il n'y a aucune raison, si ce n'est le besoin d'eau, qui les force à descendre à terre.

Les atèles sont des animaux qu'on apprivoise aisément, et que les caresses et les bons traitements rendent très-affectueux. On assure même, mais la chose n'a réellement pas été prouvée, qu'ils sont susceptibles de se prêter à différents services domestiques. Leur taille varie peu, et c'est parmi eux, ainsi que parmi les hurleurs, que l'on trouve les plus grands des singes de l'Amérique. Les espèces les plus généralement admises sont les suivantes : atèle chameck, *ateles pentadactylus;* atèle coaïta, *ateles panicus;* atèle cayou, *ateles ater;* atèle belzébuth, *ateles belzebuth;* atèle marginé, *ateles marginatus;* atèle hippoxanthe, *ateles hippoxanthus;* atèle aux mains noires, *ateles melanochir;* auxquelles il faut ajouter deux ou trois autres espèces décrites par M. Isidore Geoffroy et M. Bennet : parmi ces dernières, nous citerons l'atèle métis, *ateles hybridus,* qui vit en Colombie, et qui doit son nom à sa couleur analogue à celle des mulâtres.

LES LAGOTRICHES

Les lagotriches, dont le nom rappelle que leur pelage a quelque chose de celui des lièvres, sont d'autres singes à queue prenante et dénudée en partie, dont la première espèce connue a été décrite par M. de Humboldt, sous le nom de *simia lagotrix*. Ce singe est haut de 717 millimètres; sa couleur est uniformément grise, et sa queue plus longue que le corps. C'est sans doute par erreur que M. de Humboldt, auquel nous empruntons ces détails, ajoute que les ongles sont aplatis. Le lagotriche habite les bords du Rio-Guaviare, et paraît se trouver aussi près de l'embouchure de l'Orénoque.

†† *Espèces à queue entièrement velue et non prenante.*

LES SAJOUS OU SAPAJOUS

Ces animaux, dont il doit d'abord être question, sont plus connus qu'aucun autre genre de singes du même continent; leur taille moyenne, la douceur de leurs mœurs et leur instinct assez développé, les font, en effet, préférer à la plupart des autres; et, comme ils ne sont pas rares, on les amène très-fréquemment en Europe. La plupart des singes que les montreurs d'animaux promènent en Europe, et ceux en particulier que l'on voit si fréquemment partager à Paris l'existence vagabonde et misérable d'une foule de jeunes

Sajou.

Auvergnats, Piémontais, etc., sont, en effet, des sajous.

Ces intéressants animaux sont pleins d'adresse, également vifs et remuants, et cependant très-éducables et très-affectueux, ainsi que chacun a pu s'en convaincre. A l'état de liberté, et par conséquent dans les forêts qui les ont vus naître, les sajous vivent sur les branches élevées des arbres, et se tiennent en troupes; ils se nourrissent principalement de fruits, et mangent aussi très-volontiers des insectes, des vers, des mollusques, et même quelquefois de la viande.

L'espèce commune du sajou présente de nombreuses variétés, mais elle est plus souvent colorée de brunâtre; sa patrie est la Guyane et le Brésil. D'autres sajous moins connus ont été décrits par les naturalistes.

LES CALLITRICHES

Ceux-ci commenceront une petite section de singes chez lesquels la queue n'est point du tout dénudée et ne présente aucune faculté préhensile; aussi vont-ils plus souvent à terre que les précédents, quoique néanmoins on les trouve aussi fréquemment sur les arbres; tous ont encore six dents molaires de chaque côté des mâchoires, comme ceux du même pays que nous avons étudiés.

LE SAÏMIRI

Une des principales espèces du groupe des callitriches est certainement le saïmiri, *simia sciurea*, dont Buffon a déjà parlé. Cette espèce a reçu différents noms, selon les contrées de l'Amérique méridionale où on l'a étudiée. La dénomination de Saïmiri lui est donnée par les Galibis de la Guyane; *titi* est celle qu'elle porte sur les bords de l'Orénoque; Schreber, dans sa planche 23, l'a nommée, ainsi que Gmelin, *simia csiurea*, c'est-à-dire singe écureuil.

Le saïmiri n'a guère plus de 27 à 29 centimètres de longueur pour tout le corps; mais sa queue est plus longue, et velue dans toute son étendue; son pelage est généralement d'un gris olivâtre; ses bras et ses jambes sont d'un roux vif, et son museau noirâtre. Ce quadrumane est certainement l'un des plus gracieux et des plus intéressants de tous, en même temps qu'il est des plus intelligents; sa douceur est celle d'un enfant, sa physionomie a la même expression d'innocence. Le saïmiri ne reçoit pas moins vivement les impressions agréables ou désagréables, et il en témoigne toute son émotion; ses yeux, assure-t-on, se mouillent souvent de larmes lorsqu'il est inquiet òu effrayé. Les habitants des contrées où il vit le recherchent à cause de l'élégance de sa robe et de la douceur de ses instincts. Il étonne par son activité continuelle; cependant ses mouvements sont pleins de grâce. Sans cesse on le trouve occupé à jouer, à sauter et à prendre des insectes, surtout des araignées, qu'il préfère à tous les aliments végétaux. M. de Humboldt dit avoir remarqué que les saïmiris reconnaissaient visiblement des insectes dans les figures dessinées qu'on leur présentait, qu'ils les distinguaient même sur des gravures non coloriées, et qu'ils cherchaient à saisir les animaux qu'ils y voyaient imités.

Les saïmiris habitent, en petites troupes, le Brésil et la Guyane. Ils recherchent les insectes, et savent les prendre avec beaucoup d'adresse. On distingue parmi eux plusieurs espèces. On leur adjoint aussi d'autres singes, plus connus sous le nom de sagouins : la taille de ces derniers est un peu plus grande.

Disons que chez tous, comme d'ailleurs chez la plupart des singes d'Amérique, le pouce des membres antérieurs est de moins en moins opposable aux autres doigts, et que les ongles, de plus en plus voûtés, se rapprochent davantage de ceux des espèces inférieures, et en particulier des ouistitis et des makis ; et si nous nous rappelons que plusieurs manquent tout à fait de pouces aux mêmes mains, nous verrons combien est fautive la dénomination de quadrumanes que l'on a voulu donner à tous les animaux du premier ordre des mammifères. Le mot latin *primates*, c'est-à-dire primats ou les premiers, est bien préférable, puisqu'en effet les prétendus quadrumanes sont sans contredit les premiers des animaux.

LES SAKIS

La dernière section des singes à vingt-quatre dents molaires est celle des sakis, appelés aussi singes à queue de renard ou singes de nuit. Leur caractère essentiel consiste dans leurs dents incisives, qui sont inclinées en avant; leurs yeux sont grands, et leur queue, à peu près longue comme le corps, est garnie de poils longs et touffus. Les sakis vivent par troupes de sept ou huit individus; comme les callitriches, ils cherchent les forêts, et leur nourriture consiste en fruits et en mouches à miel. Les sajous, plus agiles et souvent plus forts qu'eux, les tracassent dans beaucoup de circonstances, et leur enlèvent souvent leurs provisions. On distingue parmi les sakis plusieurs espèces; l'une d'elles a reçu la dénomination de *satanas*, qui signifie satan; les Brésiliens l'appellent *couxio;* elle est de couleur noire. Une autre, qu'on nomme *cebus chiroptes*, et vulgairement *le capucin*, a le pelage d'un roux marron; elle est des bords de l'Orénoque. Son menton est entouré d'une barbe; et, comme lorsqu'elle boit elle craint de se mouiller, elle puise l'eau avec la main pour la porter à la bouche, sans avoir besoin de humer à la surface des cours d'eau; c'est ce qui lui a valu son nom de *chiroptes* (qui boit avec la main) : quant à celui de capucin, elle le doit à sa couleur.

LES OUISTITIS

Ces petits quadrumanes forment un groupe à part, que leurs caractères généraux veulent que l'on place ici, entre les autres singes d'Amérique et les makis ; mais que le nombre de leurs dents semblerait rapprocher des singes de l'ancien monde, si leurs molaires, au nombre de vingt, comme chez ceux-ci, n'avaient une forme différente. On a peu de renseignements sur les mœurs de ces animaux dans la vie sauvage. On les dit gais, joueurs, mais cependant capricieux et très-irascibles. Irrités, ils dressent leurs poils, ordinairement assez longs, et croient faire peur autant qu'ils sont eux-mêmes effrayés. Toujours en mouvement, comme la plupart des singes, ils paraissent plus robustes, car ils semblent mieux s'accoutumer à la température de nos climats.

Tous les ouistitis sont de l'Amérique méridionale.

§ III

LES MAKIS OU LÉMURIENS

Buffon a nommé *makis*, et Linnée, *lemur*, quelques espèces de quadrumanes de l'ancien continent, et principalement de Madagascar, qui diffèrent par plusieurs traits importants des autres

animaux du même ordre. La réunion de cette
espèce constitue une troisième famille, qu'on appelle assez généralement la famille des lémuriens.
On doit remarquer que les derniers genres de celle
qui précède, les ouistitis et les sakis, ont quelque
ressemblance avec les lémuriens, et qu'ils mar-
quent, pour ainsi dire, la transition des véritables
singes aux lémuriens, que leur face allongée a
fait nommer *singes à museau de renard*. Ceux-ci
ont en outre leurs incisives de la mâchoire inférieure tout à fait couchées en avant, et leurs canines, prenant la même direction, diffèrent à peine
des incisives par leur forme ; aussi les lémuriens
semblent-ils avoir six incisives inférieures au lieu
de quatre : leurs incisives supérieures, ordinairement petites, varient assez ; quant aux canines
de la même mâchoire, elles sont puissantes, et les
molaires, ainsi que celles d'en bas, sont ordinairement hérissées de pointes, ce qui permet à ces
animaux de broyer avec plus de facilité les parties dures des insectes dont ils se nourrissent. Un
autre caractère mérite d'être signalé à cause de sa
fixité : c'est celui que présente l'ongle du doigt indicateur des membres de derrière, qui est allongé
plus que ceux de tous les autres, et faiblement
recourbé.

Les makis saisissent à la manière des singes :
leurs pouces sont bien opposables aux autres
doigts, et, lorsqu'ils cessent de l'être, c'est seu-

lement aux membres supérieurs, comme chez ceux-ci ; or l'on sait que les membres inférieurs sont, au contraire, chez l'homme ceux dont le pouce n'est pas opposable, ce qui établit une différence digne de remarque. Les lumériens ont les membres postérieurs les plus longs : aussi vont-ils le plus souvent par bonds et par sauts ; ils marchent rarement, et ne se tiennent jamais sur deux membres seulement ; ils ont le plus souvent une queue assez longue ; mais jamais cet organe n'est susceptible de préhension, et les fesses des makis sont toujours dépourvues de callosités.

Ils dorment assis, le museau incliné et appuyé sur la poitrine ; leur vie est principalement nocturne, et c'est pendant le jour, cachés dans des endroits obscurs, qu'ils reposent ; quelques-uns sont lents, ce qui tient à leurs proportions et à leur forme ; mais la plupart jouissent, au contraire, d'une grande vivacité et d'une facilité remarquable dans leurs mouvements ; ils sautent à de grandes distances, grimpent avec facilité, et vivent dans des lieux fort retirés. Aussi n'a-t-on sur eux que des renseignements peu nombreux. Beaucoup d'espèces de lémuriens restent encore à décrire. Celles que l'on connaît sont toutes des pays les plus chauds, ainsi qu'il a été dit plus haut ; c'est à Madagascar qu'elles vivent en plus grande abondance. Nous rappellerons qu'aucun singe n'existe dans cette île si voisine de l'Afrique, et qui en diffère néanmoins beaucoup par ses productions naturelles. Un autre fait important pour l'histoire de la géographie des animaux, c'est que l'Amérique ne possède aucun lémurien, et que ceux des animaux de cette famille que produisent les parties les plus chaudes de l'Afrique et de l'Asie sont spécifiquement et même génériquement différents de ceux de Madagascar. Les makis proprement dits, ou mieux ceux auxquels ce nom est resté en propre, ainsi que les genres indri et chéirogale, comprennent seuls des espèces madécasses, le genre galago est d'Afrique, et ceux des loris et des tarsiers habitent l'archipel Indien et le Bengale.

LES MAKIS

Ces animaux vivent en groupes ; ils se distinguent par leur longue queue, par leur museau allongé, par leur fourrure épaisse. Ce sont des êtres fort agiles et assez robustes, quoique de taille moyenne ou même petite ; et, bien qu'ils soient habitants de pays extrêmement chauds, on parvient souvent à les conserver en vie pendant plusieurs années dans nos ménageries. L'un d'eux, appartenant à l'espèce appelée mococo, a vécu dix-neuf ans à la ménagerie du Muséum, malgré les froids rigoureux qu'il a dû supporter. Il cherchait à s'en garantir en se ramassant en boule, les jambes rapprochées du ventre, et en se couvrant le dos avec sa queue. Il s'asseyait l'hiver à portée d'un foyer, et tenait même son visage aussi rapproché du feu que possible. La voix des makis tient du grognement du cochon; *makis* est le son qu'ils prononcent le plus souvent, ce qui leur a valu le nom qu'on leur donne; leur cri de douleur ou de haine est très-aigu. On distingue parmi ces animaux diverses espèces, et à leur tête le mococo, *lemur catta*, dont la couleur est cendrée, nuancée de roussâtre sur le corps, et blanchâtre en dessous; sa queue est annelée de noir et de blanc.

VARI, *Lemur mococo.*

Cette autre espèce de maki est, avec le maki rouge, une des plus grandes de ce genre singulier de quadrumanes. Ces animaux, que nous ne connaissons, à vrai dire, qu'en esclavage, pourraient bien avoir donné de leur naturel des idées tout à fait différentes de celles qu'on devrait en avoir, et qu'il serait facile d'en prendre, si on les étudiait dans leur état de nature. En effet, les makis, sans montrer beaucoup d'instinct, sans témoigner beaucoup d'affection pour ceux qui les soignent, semblent généralement avoir de la douceur; leur museau fin et leurs yeux n'annoncent rien de méchant, et quelques-uns d'entre eux paraissent prendre plaisir à donner ou à recevoir des caresses, et cependant les voyageurs assurent qu'ils sont d'un naturel plus farouche et plus cruel que leurs congénères.

Les caractères spécifiques du vari consistent dans ses couleurs, qui sont le noir et le blanc ; mais ces couleurs ne sont pas toujours réparties également. Dans la distribution la plus commune, les parties blanches sont les jambes, les cuisses et une bande transversale sur la croupe au-dessus de la queue, ainsi que les bras depuis le coude jusqu'aux mains : les épaules, le dos, les quatre mains et la queue sont noirs. Les mâles seuls ont la tête blanche ; chez les femelles, elle est entièrement noire en dessus.

MAKI NAIN, *Lemur minimus*.

Celui-ci est remarquable, ainsi que son nom l'indique, par la petitesse de ses dimensions. Buffon le fit connaître en 1776, d'après un individu vivant à Paris, et l'appela *rat de Madagascar*. M. Geoffroy l'a considéré comme le type du genre particulier auquel il a donné le nom de *microcebus*, c'est-à-dire *petit sapajou*, ou petit singe. Les microcebus, dit ce savant, sont une répétition des makis, à cela près des différences suivantes : la jambe de derrière est proportionnellement plus longue, sans l'être autant que dans les galagos ;

elle est redevable de sa plus grande dimension à un peu plus d'étendue des principaux osselets du tarse. Le museau est plus court sans cesser d'être aussi fin, ce qui provient de la grandeur de ses yeux, lesquels sont à la fois plus voisins l'un de l'autre, et en même temps rendus plus saillants sur les côtés. Ces petits animaux, dont on ne connaît qu'une espèce, un peu moins grande que le surmulot, vivent sur les arbres, où ils nichent dans les trous qu'ils savent ajuster à leurs besoins.

LES GALAGOS.

On est conduit aux galagos par le maki nain. Un galago appelé par M. Fischer, naturaliste russe, galago de Demidoff, est de la taille de ce petit maki, dont il diffère aussi fort peu par les couleurs. Les galagos ont des oreilles fort grandes, qui rappellent celles des chinchillas, dont ces animaux ont jusqu'à un certain point le pelage. Leur museau est moins court que celui des makis; leur queue est moyennement longue et touffue, et leurs tarses sont assez grands. On trouve des galagos en Afrique et principalement au Sénégal. On les y indique sous le nom d'*animaux de la gomme*. C'est au célèbre Adanson qu'on doit de les avoir fait connaître le premier.

L'espèce ordinaire est de la taille d'un ouistiti;

son pelage est d'un gris cendré. La troisième espèce, galago à grosse queue, n'est connue que par
une seule peau et une tête osseuse conservées au
muséum de Paris.

LES INDRIS

Les indris paraissent devoir tenir le premier

Indri.

rang parmi les makis; leur museau est moins allongé que celui de la plupart de ces animaux; ils

se tiennent dans une position plus rapprochée de la verticale, et l'un d'eux, manquant de queue, n'est pas sans analogie, pour la forme générale, avec les premiers des singes. On ne trouve des indris qu'à Madagascar. Les Madécasses de la partie du sud les recherchent à cause de leur éducabilité et de leur caractère docile ; ils les élèvent et les dressent à la chasse. Les indris ont les jambes de derrière, à très-peu de chose près, deux fois aussi longues que les antérieures ; aussi ces animaux peuvent-ils exécuter des bonds fort considérables : leurs mains sont remarquables par leur longueur et par le développement de leurs pouces, qui sont très-séparés des autres doigts ; la queue, à peu près nulle chez une espèce, est, au contraire, assez longue chez un autre.

L'animal le plus intéressant de ce genre est, sans contredit, l'indri sans queue, *lemur indri* des auteurs, qui a un mètre de haut ; il est noir avec la face grise et le derrière de couleur blanche.

LES TARSIERS

Daubenton décrivit le premier l'intéressant animal qui compose ce genre, et lui appliqua le nom de tarsier, pour indiquer la longueur très-caractéristique de ses tarses. Le tarsier, qui est à peu près de la taille d'un rat ordinaire, se distingue

par l'élégance et la finesse de ses formes, bien plus
délicates encore que celles du galago de Demidoff.
Ses yeux sont volumineux, et indiquent un animal nocturne ; c'est, en effet, lorsque le grand
jour disparaît que ce petit quadrumane se met en
route. Les insectes constituent sa principale nourriture. Les îles Moluques sont la patrie du tarsier.

LES LORIS

Les loris et les nectycèbes, que plusieurs savants naturalistes ne distinguent pas génériquement-
ment, sont des quadrumanes sans queue qui se
rapprochent des genres précédents par leurs yeux
grands et rapprochés, ce qui permet de soupçon-
ner à l'avance qu'ils sont nocturnes, ce que d'ailleurs l'observation a démontré. Les nectycèbes ont
les formes ramassées et les membres courts, et
les loris se font remarquer par leur corps effilé et
par leurs extrémités longues et grêles. L'égalité
entre leurs membres antérieurs et postérieurs est
encore un de leurs caractères, et il en résulte dans
leurs allures des différences assez notables, qui
les éloignent des autres lémuriens. Leur démarche
est pénible, et la lenteur de leurs mouvements
leur a fait quelquefois donner, comme aux bradypes, le nom de paresseux. La taille de ces animaux est intermédiaire à celle des makis et du

tarsier; ils sont répandus dans l'Inde, au Bengale, et dans les îles de l'Archipel, à Ceylan, à Java et à Sumatra.

AYE-AYE, *Cheiromis.*

La meilleure classification, celle qui mérite davantage le nom de méthode naturelle, est celle qui, en assignant aux animaux une place parmi ceux que l'on connaît, a soin de les rapprocher des espèces dont l'organisation et les mœurs sont le plus analogues aux leurs ; aussi, indiquer la position d'un être dans la méthode naturelle, est-ce résumer en quelques mots les traits fondamentaux qui composent son histoire. Mais ce résultat n'est pas facile à obtenir : la seule preuve en est dans les nombreuses variations de positions que beaucoup d'espèces ont souffertes. L'aye-aye, le galeopithèque, le bradype et quelques autres en sont autant d'exemples. Le premier de ces animaux habite Madagascar, la patrie des lémuriens, et il y a été découvert par Sonnerat ; on n'en possède, que nous sachions, qu'un seul individu, dont la tête osseuse et la peau préparée sont conservées au muséum : le savant voyageur auquel on le doit rapporte néanmoins qu'il en a tenu vivants à son bord deux individus. Ces animaux avaient été pris sur la côte méridionale de Madagascar. Leur taille est celle d'un lapin ; leur

queue est assez longue et touffue ; leurs membres
postérieurs ont cinq doigts, dont le pouce opposable aux quatre autres, comme dans les mains
postérieures de tous les quadrumanes : leurs doigts
des membres antérieurs sont remarquables, comme
le dit Sonnerat, par leur finesse et leurs allonge-
ments ; mais le pouce, quoique séparé des autres
doigts, prend la même direction qu'eux. La tête de
l'aye-aye est arrondie ; elle offre en avant de chaque
mâchoire deux grandes dents semblables à celles
des rongeurs ; il n'y a point de canines, et les molaires, au nombre de quatre de chaque côté de la
mâchoire supérieure, ne dépassent pas celui de
trois à l'inférieure.

Depuis Sonnerat, aucun voyageur n'a étudié
l'aye-aye avec soin ; cet animal est rare, à ce
qu'il paraît, à Madagascar, et ne se trouve pas
dans toutes les provinces ; car les habitants de la
côte occidentale ne le connaissent point. Les ayes-
ayes sont paresseux et sans défense ; ils vivent sous
terre, et se nourrissent des vers qu'ils retirent des
troncs des arbres au moyen de leurs longs doigts
des membres de devant.

§ IV

GALÉOPITHÈQUES

On connaît parmi les animaux de cette quatrième et dernière famille plusieurs espèces assez peu distinctes entre elles; mais que des particularités remarquables différencient tout d'abord des autres mammifères. Les galéopithèques ne constituent qu'un seul genre, dont l'établissement est dû au célèbre Pallas; le nom que ce savant leur a donné signifie proprement *chat-singe*. Bontius, qui fit le premier connaître les galéopithèques, leur imposa la dénomination de *vespertilio admirabilis* (la chauve-souris admirable), à cause de certaines analogies qu'ils ont avec les vespertilions dans leurs habitudes; mais Linnée, reconnaissant leurs rapports avec les makis, les appelle les makis volants (*lemur volans*). C'est, en effet, de ces animaux que leur organisation rapproche les galéopithèques, et on ne saurait mieux les définir qu'en disant qu'ils sont des makis modifiés pour le vol. Les chauves-souris s'élèvent dans l'air au moyen d'une membrane légère, quoique résistante, qui unit leurs quatre membres et qui s'étend aussi entre leurs doigts antérieurs, très-allongés, et, pour ainsi dire, changés en ailes. Les galéopithèques ont bien, comme ces mammifères, une

peau entre les membres (cette peau étant plus résistante et velue); mais ils n'ont point les doigts

Galéopithèques.

allongés, et c'est seulement avec la membrane de
leurs flancs qu'ils se tiennent dans l'air; ils n'y

volent pas à la manière des chauves-souris ; mais leurs espèces de parachutes leur permettent de s'y soutenir, et c'est à leur faveur qu'ils peuvent se diriger d'un arbre à l'autre. C'est, en effet, dans les arbres qu'ils passent une grande partie de leur vie, leurs ongles crochus et puissants leur permettant d'y grimper avec beaucoup de facilité.

Une particularité non moins remarquable que les membranes velues qui s'étendent entre les flancs des galéopithèques est celle de leurs dents incisives inférieures, qui sont au nombre de quatre, et disposées en plusieurs petites lamelles assez serrées et supportées par un pédicule, de manière à représenter complétement quatre petits peignes. La langue de ces animaux est festonnée à son extrémité d'une façon également singulière.

L'Indoustan, une partie de la Chine et les îles de l'archipel Indien, forment la patrie des galéopithèques ; ils vivent d'insectes ; leur taille est un peu plus grande que celle de l'écureuil ; mais leur forme n'a rien qui puisse être comparé à celle de ces animaux. Nous avons dit que les galéopithèques, bien qu'ils n'aient de pouce opposable à aucun des membres, offrent néanmoins le même système d'organisation que les quadrumanes, et qu'ils se rapprochent surtout des makis, comme l'avait reconnu Linnée, et comme l'a depuis fait voir M. de Blainville, qui les considère comme constituant une famille dans ce groupe d'animaux.

C'est donc à tort que beaucoup d'autres naturalistes ont voulu les reléguer parmi les chauves-
souris, bien qu'au premier aspect ils semblent
rappeler ces dernières.

§ V

BRADYPES OU SINGES ANORMAUX

Ainsi que nous l'avons signalé en commençant
ce chapitre, le naturaliste que nous venons de
nommer rapproche aussi des quadrumanes (qu'il
vaut mieux appeler avec Linnée *primates*) les bradypes (unau et aï), que d'autres considèrent
comme des édentés. Les raisons sur lesquelles ce
savant fonde sa manière de voir l'emporteront
probablement, et les bradypes formeront à la fin
de l'ordre dont il est présentement question un
groupe analogue à ceux que les botanistes placent
après leurs familles naturelles sous le nom de *ge-
nera affinia* (genres qui ont de l'affinité avec la
famille).

La réputation de lenteur extrême que Buffon a
faite à ces animaux n'est pas sans doute tout à
fait dépourvue de fondement; mais elle est large-
ment exagérée. Les bradypes, fort lents à terre,
bien qu'ils le soient moins qu'on ne le croit généralement, sont, au contraire, assez agiles dans

les arbres, et l'on s'expliquera facilement ce contraste, si l'on remarque, avec les naturalistes plus récents, que ces animaux, de même que les orangs-outangs, les gibbons, les loris, etc., sont essentiellement organisés pour vivre dans les arbres, et que, si quelques savants les ont trouvés maladroits, défectueux, et l'on peut même dire ridicules, car ce mot a été employé, c'est qu'ils observaient les bradypes dans des circonstances tout à fait défavorables à leur organisme, et parfois aussi dans des climats différents du leur par la température.

Aussi les voyageurs, imbus qu'ils étaient des narrations fournies par des observations superficielles, ne furent-ils pas peu étonnés en voyant quel était le naturel des bradypes observés dans l'Amérique du Sud, au milieu des forêts vierges qui leur servent de demeure. Transportés à bord des bâtiments, ces mammifères n'étaient pas plus paresseux que dans leurs habitations naturelles, parce qu'ils pouvaient de même s'exercer à grimper.

La taille des bradypes ne dépasse pas celle d'un chien ordinaire. Ces animaux rappellent assez les orangs et les gibbons par leur forme générale ; leurs membres postérieurs sont de même fort grêles et fort impropres à la marche, et les antérieurs, allongés comme chez les singes cités plus haut, sont, de même que ceux-ci, fort bien disposés pour s'accrocher aux arbres : ils sont pourvus d'ongles fort allongés, et manquent de pouces ; les bradypes ont les poils du corps très-fournis et fort rudes ; leur squelette est remarquable par le nombre considérable et la disposition de ses côtes ; leur bassin est très-évasé, de même que chez les animaux supérieurs, et ils n'ont qu'une queue fort courte, et, pour ainsi dire, nulle. On connaît parmi eux deux ou même trois espèces propres aux parties chaudes de l'Amérique ; toutes manquent de dents incisives, et ont, comme les makis, les os incisifs fort petits ; leurs molaires sont assez singulières, et rappellent celles des tatous ; l'une d'elles, l'aï, présente des dents canines à la mâchoire supérieure.

L'*aï*, qu'on appelle *bradypus tridactylus*, a trois doigts distincts, ce qui lui a valu son nom. Sa couleur est grise, souvent tachetée sur le dos de brun et de blanc.

L'*unau*, ou la deuxième espèce bien connue, s'appelle en latin *bradypus didactylus ;* il est de moitié plus grand que l'aï, et son pelage est d'un gris brun uniforme qui prend quelquefois une teinte roussâtre. Il est également de l'Amérique intertropicale, quoique pendant longtemps on l'ait cru de Ceylan, ou même d'Afrique ; ce qui a été démontré faux.

CHAPITRE II

ORDRE DES CARNASSIERS

Si l'ordre des quadrumanes mérite d'être étudié avec soin à cause du rapport d'organisation physique que la plupart des espèces qui le composent offrent avec l'espèce humaine, celui-ci n'est pas moins digne, pour d'autres motifs, de fixer notre attention. Les nombreuses espèces qu'il renferme présentent entre elles des différences assez remarquables d'organisation qui permettent de tirer de leur étude d'importantes données pour l'anatomie et la physiologie comparées ; mais ce qui intéresse l'homme d'une manière non moins directe, c'est que presque toutes les espèces d'animaux que leurs armes et leur force rendent les plus dangereux appartiennent à cet ordre. Le loup, le renard, l'ours, la genette et le glouton sont en Europe les carnassiers les plus redoutables ; mais les dommages qu'ils occasionnent à l'homme et leur influence sur l'économie générale passent, pour ainsi dire, inaperçus, si l'on pense aux espèces dix fois

plus puissantes et plus cruelles qui abondent dans
l'Asie, dans l'Afrique, et même dans l'Amérique.
Le lion, le tigre et plusieurs espèces de panthères
sont, en Asie, les plus fâcheusement célèbres; ils
y vivent avec une foule d'autres ennemis, inférieurs pour la force individuelle, mais également
puissants par le nombre et par la ruse. Les espèces
d'Europe qui se trouvent en Asie n'occupent guère
plus que le troisième rang; l'Afrique ne nourrit
point le tigre proprement dit ou tigre royal; mais
le lion y abonde, et s'y rencontre depuis la Barbarie jusqu'au cap de Bonne-Espérance; moins
peuplée d'ours que l'Asie, qui en recèle au moins
cinq espèces, elle n'en possède qu'une seule, à
peine connue des naturalistes, et qui vit dans les
monts Atlas. Deux espèces d'hyènes existent en
Afrique, et l'une d'elles s'étend aussi dans une
partie de l'Asie. Les panthères y sont nombreuses,
et l'on y voit beaucoup d'autres carnassiers non
moins puissants; mais combien d'espèces restent
encore à découvrir, tant sont peu avancées nos
connaissances sur les animaux qui peuplent l'intérieur de cette vaste contrée! Le cougouar et la
grande panthère, dont le véritable nom est jaguar,
sont, en Amérique, les deux espèces les plus redoutables; ils vivent dans les régions les plus
chaudes. C'est, au contraire, dans le nord de ce
continent, et aussi dans les grandes chaînes de
montagnes, que l'on rencontre les ours, dont une

espèce occasionne souvent des dommages considérables. Après ces puissants et audacieux destructeurs, on doit signaler une foule d'espèces qui,
s'attachant à des proies moins considérables, n'en
sont pas moins nuisibles par les dégâts qu'elles
font sur le petit gibier ou dans les fermes, dont
elles mettent à mort les oiseaux domestiques et
souvent les moutons. Mais les rapports de l'homme
avec un autre animal du même ordre amoindris-
sent, s'ils ne compensent, ces nombreuses dévastations. Le chien, devenu domestique, est lui-
même un des plus implacables adversaires de
ces cruels ennemis de nos propriétés ; guidé par
l'homme, il contribue à leur éloignement, et dans
certains cas à leur destruction. Aussi voit-on de
siècle en siècle les espèces nuisibles devenir moins
nombreuses à mesure que la civilisation s'étend.
L'ours et le loup ont disparu de l'Angleterre ; le
lion, dont l'existence en Grèce, lors de l'établissement des premières colonies africaines dans cette
contrée, est généralement admise, en avait été
déjà repoussé du temps d'Aristote ; en Afrique et
dans l'Inde on voit chaque année, à mesure que
les villes et les colonies s'agrandissent, les animaux féroces s'éloigner de leur voisinage. Cependant de nombreuses provinces sont encore, pour
ainsi dire, le domaine des bêtes fauves : M. Sikes,
officier anglais et savant naturaliste, rapporte que
dans tout le Dekkan, province indienne, on a pris,

pendant les années 1825 et 1829, 472 panthères, et, dans un district seulement, 1,032 tigres royaux.

Le nom des animaux qui composent le second ordre de la classe des mammifères indique assez quelles sont leurs habitudes, et par suite quelle est leur organisation; mais tous ne sont pas carnassiers au même degré, tous ne le sont pas non plus de la même manière. Les chats méritent surtout ce titre : ils ont des armes puissantes pour attaquer et déchirer leur proie; leurs dents (incisives, canines et molaires, comme chez la plus grande partie des carnassiers) sont tranchantes et acérées, et leurs griffes ont, dans leur faculté rétractile, une particularité remarquable, et qui leur est d'un grand avantage dans la lutte. D'autres sont un peu moins bien favorisés; mais leurs appétits ne sont pas si franchement carnivores. Tels sont les hyènes, les loups et les renards. Quelques autres enfin, comme les ours, mangent différentes substances, et sont appelés omnivores; et il en est que l'on nomme insectivores, parce qu'ils se nourrissent exclusivement d'insectes. La taille de ces derniers est toujours au-dessous de la moyenne, et souvent elle se fait remarquer par sa petitesse : tels sont les musaraignes, les taupes, les hérissons, etc. C'est aux insectivores qu'appartient la plus petite espèce des mammifères connus.

Presque tous ces animaux vivent à la surface du sol, où ils se creusent des retraites dans les terres meubles, et y passent une partie de leur vie ; ils sont terrestres ou fouisseurs ; plusieurs sont remarquables par des particularités d'une autre sorte ; on les prendrait d'abord pour des animaux d'un ordre différent, tant leur forme diffère ; mais ce sont bien des carnassiers modifiés dans une direction donnée, comme ceux-ci le sont dans une autre. Les uns sont organisés pour chercher leur nourriture dans l'air ; et, plus volatiles que les galéopithèques, ils passent une partie de leur vie dans ce fluide : ce sont les chauves-souris. Les autres, comme les phoques, habitent, au contraire, dans l'eau ; ils sont tout à fait aquatiques. C'est un genre de vie auquel on semble être insensiblement amené par l'observation des loutres, espèces semi-aquatiques, semi-terrestres, mais que nous n'appellerons pas pour cela amphibies, parce que ce mot paraîtrait signifier qu'elles peuvent alternativement respirer l'eau comme les poissons, ou l'air comme les mammifères, tandis que certains reptiles auxquels précisément le nom d'amphibies a été imposé sont seuls dans ce cas.

En résumé, on doit reconnaître parmi les mammifères des espèces : 1° volatiles (chauves-souris, appelées aussi *chéiroptères*) ; 2° insectivores terrestres, ou fouisseuses (hérissons, taupes, etc.) ; 3° terrestres plantigrades, ou digitigrades (ours, chats, chiens); 4° aquatiques (phoques). Nous les examinerons successivement.

§ Ier

CHÉIROPTÈRES OU CHAUVES-SOURIS

La première famille des carnassiers est celle des chauves-souris, que l'on appelle scientifiquement *chéiroptères* (c'est-à-dire mains en ailes), parce qu'en effet les membranes qui leur servent à s'élever dans l'air sont surtout soutenues par leurs mains, dont les doigts sont très-allongés. Ces animaux sont excessivement variés en espèces, et on les trouve dans toutes les parties du monde; la Nouvelle-Hollande, que les didelphes habitent à l'exclusion de presque tous les autres mammifères, présente aussi une espèce de chéiroptère du genre roussette, et plusieurs animaux de la même famille vivent dans les autres îles australiennes; mais c'est surtout dans le reste du globe terrestre que les chéiroptères abondent. Presque tous sont nocturnes ou crépusculaires, et ils se nourrissent surtout d'insectes. Quelques-uns recherchent, au contraire, les fruits; mais ceux-ci forment un groupe particulier sous le nom de chauves-souris frugivores.

LES ROUSSETTES

Nous avons dit qu'une espèce de ce groupe vit à la Nouvelle-Hollande ; quelques autres sont des archipels de l'Inde, plusieurs habitent l'Asie, et on en trouve en Afrique et à Madagascar ; mais il n'existe pas de roussettes en Amérique non plus qu'en Europe. Ces animaux sont les plus grands de tous les chéiroptères, et ceux qui ont le plus de rapports dans leurs mœurs et leur structure avec les quadrumanes, et particulièrement avec les galéopithèques, quoique néanmoins ils appartiennent, sans aucun doute, comme toutes les autres chauves-souris, à un autre degré d'organisation. Les roussettes se distinguent surtout des autres chauves-souris par leurs dents molaires, dont les tubercules sont émoussés au lieu d'être disposés en petites pointes épineuses, et par leurs doigts indicateurs des membres de devant, qui ont leurs trois phalanges complètes, la dernière étant même pourvue d'un ongle. Ces animaux se tiennent dans les lieux chauds et garnis d'arbres ; on a constaté que plusieurs d'entre eux sont plus volontiers diurnes que nocturnes, c'est-à-dire que, comme la plupart des mammifères, c'est pendant le jour et non la nuit qu'ils se livrent à la recherche de leurs aliments. On connaît des roussettes qui n'ont pas moins de 324 millimètres de longueur pour le corps, et de 1 mètre 624 millimètres d'envergure.

LES VESPERTILIONS

Le grand nombre des vespertilions, que l'on partage aujourd'hui en beaucoup de groupes secondaires assez peu importants à connaître, est sans contredit celui de toute la classe des mammifères qui renferme le plus grand nombre d'espèces. Nous y comprenons toutes celles qui manquent de phalange onguéale aux doigts antérieurs, et qui n'ont pas sur le nez une membrane semblable à celle des vampires, des rinolophes, etc. Leur taille est ordinairement assez petite ; quelques-unes cependant semblent plus grosses, à cause de l'ampleur de leurs ailes. L'Europe, et en particulier la France, possèdent plusieurs espèces de vespertilions ; elles seront les seules que nous citerons, celles des autres contrées, même européennes, offrant un intérêt moins direct. Chez nous, comme dans tous les pays froids ou tempérés, les chéiroptères passent une partie de l'hiver engourdis par une sorte de somnolence qui simule assez la mort, et sous l'influence de laquelle ils tombent dès que la température commence à baisser ; qu'on cherche alors dans les creux des arbres, les trous des murs ou de carrière où ils se sont retirés, on peut les saisir comme tous les autres animaux hibernants, sans qu'ils cherchent à s'échapper ; mais ils recouvrent bientôt leurs sens, si on les apporte dans un endroit moins froid, dans un appartement, par exemple. Ces chauves-souris sont complétement insectivores, et c'est pour chercher les petits animaux qui leur servent de nourriture qu'elles sortent le soir pendant la belle saison. Les espèces qu'on a indiquées jusqu'ici comme se trouvant plus ou moins communément en France sont au nombre de douze.

Toutes ces espèces ne se rencontrent pas avec la même fréquence ; plusieurs d'entre elles sont même extrêmement rares ; les moins rares sont :

1° Le *murin*, qui a pour la tête et le corps 95 millimètres de longueur et 405 millimètres d'envergure ; son pelage est d'un blanc jaunâtre en dessous, et roux cendré ou brun roussâtre en dessus.

2° La *noctule*, qui n'a que 378 millimètres d'envergure ; son poil, doux et touffu, est d'un roux fauve, uniforme, un peu plus clair sur les parties inférieures que sur les supérieures.

3° La *pipistrelle*, qui a 216 millimètres d'envergure, et dont la couleur est d'un brun foncé en dessous et fauve en dessus ; sa queue est longue ; les membranes qui lui servent d'ailes sont de couleur noire.

4° La *scrotine*, longue de 72 millimètres ; elle a 365 millimètres d'envergure ; ses poils, assez longs et fort doux au toucher, sont d'un brun foncé uniforme, avec un léger reflet roussâtre. La distinction de cette espèce, ainsi que celle des précédentes, est due à Daubenton, et les premières descriptions de l'illustre collaborateur de Buffon sont insérées dans les Mémoires de l'Académie des sciences pour l'année 1759.

Deux autres vespertilions de France méritent encore d'être cités ; la longueur presque disproportionnée de leurs oreilles a engagé M. Geoffroy à les regarder comme devant constituer un genre à part, qu'il a nommé oreillard, en latin *plecotus*.

L'une est l'*oreillard* de Daubenton ; ses oreilles sont presque aussi longues que son corps, qui mesure 47 millimètres ; son envergure est de 184 millimètres ; sa couleur est d'un gris brun passant au cendré sur les parties inférieures. Les oreillards se trouvent presque partout ; mais ils sont peu nombreux et vivent isolés.

La deuxième espèce est la *barbastelle*, ainsi nommée par Daubenton : ses oreilles sont aussi larges que longues, non réunies entre elles à leur base comme dans l'oreillard. Ce vespertilion est beaucoup plus rare que les précédents, et n'a encore été signalé qu'en France et en Angleterre.

LES RINOLOPHES

Ils se distinguent également par les appendices membraneux et comme foliacés, dans lesquels sont ouvertes leurs narines ; on en a trouvé en Asie, en Afrique et en Europe. Quatre espèces vivent dans cette dernière contrée, et deux sont assez fréquentes en France ; elles sont les seules qui y existent.

GRAND FER-A-CHEVAL, *Rinolophus hippocrepis.*

Celui-ci a, du museau à l'origine de la queue, 70 millimètres environ et 351 à 378 millimètres d'envergure ; son pelage est d'un roux jaunâtre. Le fer-à-cheval est commun en France, et notamment aux environs de Paris.

PETIT FER-A-CHEVAL, *Rinolophus bihastatus.*

Daubenton a le premier distingué cette espèce de la précédente. Le petit fer-à-cheval est moins commun que le grand, et il n'a pas tout à fait 54 millimètres de longueur, la membrane de son nez est surmontée de deux crêtes au lieu d'une, ce qui lui a valu le nom de *bihastatus ;* les poils de son corps sont d'une teinte brun cendré, quelquefois cendré blanchâtre.

5*

LES VAMPIRES

Ce sont aussi des chéiroptères ; ils sont devenus célèbres dans les récits des voyageurs américains, à cause de l'habitude qu'ils ont de sucer le sang des animaux, ou même des hommes pendant que ceux-ci sont endormis. L'avidité de ces chauves-souris pour le sang est telle, que les naturels de certaines contrées où elles vivent sont obligés, pour se soustraire à leur attaque, de passer la nuit dans des moustiquaires, et de renfermer soigneusement leurs poules et autres animaux domestiques. Le vampire choisit en général la nuque, le cou ou le dos de sa victime, afin qu'elle puisse plus difficilement les mettre en fuite ; mais beaucoup d'animaux, lorsqu'ils en sont attaqués, se roulent sur le dos et ne tardent pas à les écraser. Les vampires sont, comme les phyllostomes dont nous allons parler, des chauves-souris pourvues d'une feuille nasale, et dont le doigt médius présente une phalange onguéale, partie qui manque chez les vespertilions et les rinolophes : ils n'atteignent point les dimensions des roussettes.

Les phyllostomes, qui en sont fort voisins, présentent une assez grande différence dans leur régime, presque entièrement frugivore ; ils vont la nuit dans les vergers, et ils ne tardent pas à les dépouiller de leurs meilleurs fruits. On trouve ces animaux aux Antilles et à la Guyane; ils attaquent surtout les fruits des sapotilliers.

§ II

INSECTIVORES

Comme presque tous les animaux qui se nourrissent d'insectes, ceux-ci sont de petite taille, et la plupart d'entre eux se creusent des galeries souterraines dans lesquelles ils cherchent les larves et les insectes fouisseurs, ou bien qu'ils abandonnent à certaines heures du jour, pour aller butiner. Leur système dentaire diffère peu de celui des vespertilions; mais ils se font remarquer par le nombre souvent fort considérable de leurs dents; néanmoins ces animaux ne sont pas ceux des mammifères qui en présentent le plus; nous verrons que cette particularité sera justement caractéristique de certaines espèces de l'ordre des édentés, ce qui rend peu exact le nom qu'on a donné à celles-ci.

LES HÉRISSONS

On a reconnu dans diverses contrées de l'ancien continent plusieurs espèces de hérissons dont une est propre à l'Europe et se trouve aussi dans une partie de l'Asie. Ces animaux sont caractérisés par

leur taille assez petite et par leurs poils en partie
remplacés par des piquants. Ils ont six incisives à
chaque mâchoire ; leur queue est fort courte, et
leurs pieds sont plantigrades, avec trois doigts à
chacun d'eux. Les hérissons ont la faculté de rapprocher leur tête de leurs parties postérieures, et
de se rouler en boule en se pliant ; la peau de leur
dos est garnie de muscles tels, qu'ils peuvent, en
se contournant ainsi, redresser tous les piquants
dont ils sont couverts, de manière à ne plus offrir
à l'agresseur qu'une sphère hérissée de toutes
parts ; c'est par ce moyen que les animaux dont
il s'agit échappent le plus souvent aux ennemis
nombreux qui les attaquent.

HÉRISSON D'EUROPE, *Erinoceus europæus.*

C'est l'espèce qui vit en France et dans les autres
parties de l'Europe ; elle est assez connue pour
que nous nous abstenions de la décrire ; elle vit
dans les bois, où elle se creuse de petites galeries
souterraines, et pendant l'hiver elle s'engourdit à
la manière des chauves-souris et des marmottes.

Les *tanrecs*, qu'on plaçait d'abord dans le
même genre que les hérissons, diffèrent peu de
ces derniers, dont ils ont la taille, le poil épineux,
et aussi la manière de vivre. Ils sont originaires
de Madagascar, et une de leurs espèces a été transportée à Bourbon, où elle s'est perpétuée. On

assure que dans la première de ces îles les tanrecs s'endorment pendant les grandes chaleurs, comme sous nos climats les hérissons le font pendant la mauvaise saison.

Les *cladobates* sont d'autres insectivores assez semblables, par la nature de leur poil, par leur taille et par leurs mœurs, aux écureuils; ils vivent dans les îles de l'archipel des Indes. A côté d'eux nous citerons, mais sans insister sur leurs caractères zoologiques, les *euplères*, qui sont des animaux de la même famille dont la seule espèce connue vit à Madagascar, et vient d'être tout récemment décrite sous le nom d'*euplère de Goudot*, en mémoire du voyageur qui l'a rapportée à Paris. Il paraît que le *falanoue* de Flacour, qu'on croyait être la genette, n'est autre que cette euplère.

LES MUSARAIGNES

Celles-ci forment un autre genre, sur lequel nous insisterons davantage, parce que plusieurs de leurs espèces s'observent en France, où elles sont connues sous le nom de *musettes*. Les musaraignes de nos contrées sont fort petites, et c'est même parmi elles que l'on observe les plus petites espèces de mammifères. L'une d'elles, qui est propre à l'Italie, et qu'on nomme musaraigne toscane, n'a guère plus de 41 millimètres de longueur en y comprenant la queue. Quant aux espèces étrangères à l'Europe, elles habitent l'Afrique, l'Asie et l'Amérique, principalement l'Amérique septentrionale; toutes se font remarquer, ainsi que les nôtres, par l'odeur de musc qu'elles répandent, et qu'elles doivent à la sécrétion de glandes placées sur leurs flancs. Leur corps est assez allongé, leur queue est grêle, et, ce qui les distingue surtout à l'extérieur, leur museau est prolongé en une sorte de petit boutoir mobile.

MUSARAIGNE PARADOXALE, *Sorex paradoxus*.

Celle-ci vient d'être récemment décrite par M. Brandt, de Pétersbourg, sous le nom de *solenodon paradoxum*, ce naturaliste la regardant comme le type d'un genre particulier. Quoique ses habitudes soient complétement ignorées, nous avons cru devoir la signaler à cause de sa grande taille et de sa patrie, qui n'est pas moins remarquable. Les animaux les plus grands sont ordinairement de contrées fort étendues, ou d'îles presque continentales; or l'espèce actuelle est la plus grande de son genre, et cependant elle est confinée dans une île assez petite, Saint-Domingue, quoique ses congénères, qui lui sont de beaucoup inférieures en taille, soient pour la plupart des régions continentales; sa grandeur dépasse celle du surmulot, ce qui est gigantesque pour une musaraigne.

MUSARAIGNE GÉANTE, *Sorex giganteus*.

Quoique cette seconde espèce porte le nom de musaraigne géante, elle est moins grande que la précédente; mais elle est supérieure à toutes les autres par ses dimensions, et c'était certainement une musaraigne géante avant que celle-ci fût connue. On la rencontre dans l'Inde, aux îles de la Sonde et à l'île de France; mais elle ne paraît pas exister au cap de Bonne-Espérance, ainsi qu'on l'avait faussement indiqué en la disant commune dans cette partie de l'Afrique. Elle est à peu près de la grandeur du rat noir, et sa couleur est d'un gris plombé; elle vit dans les habitations, où elle est très-incommode à cause de l'odeur très-forte qu'elle répand; il suffit qu'elle ait passé contre un mets pour le rendre immangeable.

Les espèces d'Afrique sont différentes de celles-ci; l'une d'elles se trouve embaumée parmi les momies d'animaux que préparaient les anciens Égyptiens.

MUSARAIGNE MUSETTE, *Sorex arenarius*.

C'est l'espèce la plus commune chez nous. Elle mesure 51 millimètres depuis le museau jusqu'à l'origine de la queue, cette partie ayant 44 millimètres. Ses oreilles sont assez grandes et nues, et son pelage est d'un gris sombre plus ou moins roussâtre en dessus, et cendré en dessous, ces deux couleurs se fondant insensiblement sur les flancs. La musette est de toute l'Europe, et paraît se retrouver aussi dans l'Asie septentrionale et même dans une partie de l'Amérique du Nord. Elle se tient ordinairement dans les bois, cachée dans des trous de souches d'arbres, ou dans des terriers abandonnés par les mulots; en hiver, elle se rapproche des habitations rurales, et affectionne surtout les endroits où il y a du fumier. C'est à tort qu'on attribue vulgairement à cette espèce la faculté de nuire aux chevaux et aux autres animaux domestiques; elle recherche les insectes qui vivent auprès de ces animaux ou dans leurs excréments; mais elle n'attaque jamais les quadrupèdes, et sa morsure, en supposant même qu'elle les mordît, n'aurait aucune fâcheuse influence sur la santé de ces derniers. Plusieurs autres espèces de musaraignes ont encore été observées en France; ce sont les *sorex tetragonurus, leucodon, constrictus, lineatus, remifer, Daubentonii, coronatus,* et *Hermani,* qui sont plus ou moins incomplétement connues.

Nous signalerons encore les desmans; ce sont des animaux peu différents des musaraignes, et dont une espèce vit dans les Pyrénées.

LES TAUPES

Ces mammifères, plus remarquables encore que les précédents, quoique moins variés en espèces, ne se trouvent qu'en Asie et en Europe, les taupes que l'on a indiquées en Afrique et en Amérique étant des animaux assez voisins, mais néanmoins de genre différent. Nous dirons d'abord un mot de ces dernières, et 1° des *chrysochlores*, qui se font remarquer parmi tous les quadrupèdes connus par la beauté des reflets métalliques azurés, verts et dorés, qui distinguent leur pelage; elles sont de la grosseur de nos taupes ou à peu près, ont aussi leurs habitudes, et vivent dans les régions australes de l'Afrique. 2° Les *condylures* ou taupes étoilées, dont le nom scientifique signifie queue articulée, parce que, Seba ayant représenté l'espèce qui est le type de ce groupe d'après un individu desséché, il avait cru observer que sa queue se composait d'une suite d'articulations. Les condylures, auxquels cette mauvaise dénomination a été conservée, habitent l'Amérique septentrionale; ils sont surtout faciles à distinguer par leur museau, à l'extrémité duquel se remarquent des appendices membraneux disposés en étoile.

Quant aux véritables taupes, on en a distingué trois espèces: une propre au Japon; la deuxième, du midi de la France et d'Italie, c'est la taupe aveugle, et la troisième, la taupe commune, *talpa europœa*, qui paraît exister dans toute l'Europe, et qui est un des mammifères les plus communs en France. La taupe est remarquable par la force de ses membres antérieurs, qui représentent de véritables pelles au moyen desquelles elle creuse la terre avec facilité ; sa queue est courte, et ses mâchoires possèdent quarante-quatre dents, savoir : six incisives, deux canines, huit fausses molaires et six vraies molaires à la supérieure ; huit incisives, deux canines, six fausses molaires et six vraies molaires à l'inférieure. Cet animal passe sa vie entière sous terre dans les galeries qu'il se pratique, et qui sont souvent très-étendues. Chaque individu a son terrier particulier, lequel se compose d'un long conduit ou boyau à l'une des extrémités duquel est le cantonnement, formé de nombreux passages, partagés en différents points ou carrefours, et que la taupe creuse chaque jour pour la recherche de ses aliments ; à l'autre extrémité sont aussi d'autres galeries, dont une sert de gîte ordinaire à l'animal, qui n'en sort guère que deux heures le matin et deux heures le soir, pour se livrer à ses travaux dans les boyaux du cantonnement. La nourriture des taupes consiste en insectes, larves, chevelu de racines de diverses plantes, graines germées, et surtout en vers de terre ou lombrics. Ces quadrupèdes ne font point de provisions comme les campagnols, et ils ne s'endorment point en hiver dans leurs galeries. Ils s'y meuvent avec vitesse, et, lorsqu'à la surface du sol on les surprend, ils se mettent aussitôt à fuir, et ne tardent pas à se soustraire à la vue ou à la poursuite de leurs ennemis. Les taupes nagent aussi avec beaucoup de facilité lorsqu'on les jette dans l'eau. On leur fait une chasse assidue. L'art du taupier consiste à les enlever brusquement de leur gîte au moyen d'une bêche, et aussi à tendre des piéges de diverses sortes sur le trajet de la longue galerie qu'elles parcourent pour se rendre à leur cantonnement, qui est leur lieu de repos. On doit à M. Lecourt un excellent traité sur la manière de détruire ces animaux, et des observations fort curieuses sur leurs mœurs.

<h2 style="text-align:center">§ III</h2>

<h3 style="text-align:center">CARNASSIERS PLANTIGRADES</h3>

Les autres mammifères de l'ordre des Carnassiers sont souvent réunis par les méthodistes sous le nom de Carnivores, c'est-à-dire mangeurs de chair, cette dénomination exprimant qu'ils sont encore plus avides de viande que les espèces chéiroptères et insectivores. Mais on ne doit point dissimuler que parmi ces carnivores eux-mêmes il y a des animaux qui vivent en partie de substances végétales ou de matières qui, bien qu'animalisées, comme la cire, le miel, etc., ne sont pas néanmoins de la chair; aussi est-il préférable de leur imposer d'autres noms, et de ne pas confondre les chats, les chiens, les ours et les phoques.

Ceux de ces animaux qui, en marchant, appuient, comme l'homme, sur toute la plante du pied, sont dits *plantigrades;* ceux qui reposent sur l'extrémité des doigts seulement, comme les chiens et les chats, sont les *digitigrades,* et l'on appelle *pinnigrades,* c'est-à-dire se mouvant avec des nageoires, les phoques, dont les membres ont, en effet, la forme de nageoires.

Les *plantigrades* doivent être étudiés les premiers. Ajoutons au caractère de leurs membres que leurs dents molaires, plus nombreuses en général que celles des digitigrades, sont toutes tuberculeuses, au lieu d'être tranchantes comme chez ces derniers. Les carnassiers plantigrades comprennent plusieurs espèces propres à l'Europe, à l'Asie et à l'Amérique principalement, et qu'on partage en plusieurs genres. Nous ne nous arrêterons pas sur les kinkajous, dont la seule espèce connue habite l'Amérique méridionale, et semble par ses formes assez singulières tenir autant des makis que des ours.

Les ratons et les coactis sont du même pays que les kinkajous, et se rapportent à la même famille, ainsi qu'une espèce assez semblable au glouton, le taïra, nommé en latin *mustella barbata.* Le taïra

est noir, avec le dessus de la tête gris et une large
tache blanche sous la gorge.

Nous devons parler plus longuement des ours.

LES OURS

Ils forment un genre dans lequel on connaît
diverses espèces, toutes de pays assez froids ou
tempérés, et qui, lorsqu'elles s'avancent sous des
latitudes plus méridionales, se tiennent toujours
sur les points élevés des grandes chaînes de montagnes. Dans ce dernier cas sont l'ours qui vit dans
l'Atlas, celui du mont Sinaï, et l'espèce de l'Amérique du Sud que M. F. Cuvier a décrite sous le
nom d'ours orné, *ursus ornatus*. Cette dernière
a été trouvée au Chili et au Pérou; mais, ainsi
que celle de Syrie et de Barbarie, elle est encore
très-peu connue. Les îles de la Malaisie, Bornéo,
Java et Sumatra, les monts Hymalaya dans l'Inde,
la Corée, la Chine, possèdent aussi des ours, mais
qui diffèrent spécifiquement de ceux des autres
parties du monde.

OURS AUX GROSSES LÈVRES, *Ursus labiatus*.

On le trouve au Bengale, dans le Népaul, à la
côte de Malabar, etc.; et, comme il est un des
plus faciles à apprivoiser, les bateleurs le mènent
souvent avec eux pour lui faire exécuter divers

tours. Shaw, l'un des premiers, a décrit cet animal; mais, par une erreur assez bizarre, il l'a considéré comme une espèce de paresseux qu'il appelle *bradypus ursinus*. M. de Blainville a fait connaître cette méprise, et a imposé au prétendu bradype le nom que tous les naturalistes lui ont conservé depuis. L'*ursus labiatus* est surtout remarquable par l'allongement et la mobilité de ses lèvres; les poils dont son corps est couvert présentent aussi dans leur longueur et leur couleur, d'un noir profond, une particularité remarquable. Cet animal est de la taille de l'ours d'Europe.

OURS D'EUROPE, *Ursus arctos*.

C'est celui que l'on trouve par toute l'Europe, principalement dans les montagnes; il existait autrefois en Angleterre, mais il a été détruit; et dans plusieurs parties du continent, en France, par exemple, il est devenu fort rare; sa couleur varie, comme chacun sait, du brun plus ou moins foncé au roussâtre; les jeunes individus présentent souvent un collier blanc.

L'ours n'existe en France que dans les régions boisées des Alpes et des Pyrénées; c'est de tous les animaux dits carnassiers celui qui est le moins disposé à se nourrir de chair; il préfère, en effet, les racines et les fruits sauvages, tels que ceux du sorbier, du châtaignier, de la ronce, du framboisier et de l'épine-vinette; il aime aussi beaucoup le miel, et pour se le procurer il déchire avec ses griffes les ruches d'abeilles sauvages qu'il peut atteindre. Sa nourriture animale habituelle consiste surtout en œufs et en jeunes oiseaux qu'il prend au nid, et il n'attaque les bestiaux et l'homme que lorsqu'il est vivement pressé par la faim. Il habite les cantons déserts, fait sa demeure dans le creux d'un vieil arbre ou dans une caverne, et il y passe l'hiver dans un état de somnolence dont il ne sort de temps en temps que pour lécher ou sucer ses pattes de devant. C'est en octobre ou à peu près vers cette époque, et lorsqu'une nourriture abondante leur a procuré un embonpoint assez remarquable, que les ours se retirent dans leur tanière. Au printemps, après une gestation de sept mois, les femelles mettent bas depuis un jusqu'à cinq petits, selon l'âge qu'elles ont. Ces animaux marchent lourdement, et ne courent que rarement; leur fourrure grossière et laineuse est employée par les bourreliers. Leur graisse passe pour avoir la propriété de dissiper les douleurs rhumatismales. Enfin la chair des jeunes et les pieds des adultes sont mangés par les habitants des montagnes.

Le caractère de ces animaux permet de les apprivoiser assez facilement, et souvent les chefs des ménageries ambulantes en mènent avec eux. A

Berne, on en tient dans les fossés des remparts, depuis la fondation de la ville, dont le nom lui-même rappelle que c'est à la prise d'un de ces animaux qu'elle doit son origine.

OURS BLANC, *Ursus maritimus.*

C'est une espèce bien distincte et facile à distinguer par sa taille, plus grande que celle du précédent, et par sa couleur d'un blanc de neige dans un grand nombre d'individus, ou légèrement teint de jaunâtre dans quelques autres. Il est particulier au nord de l'Europe et de l'Asie, et se tient sur les bords de la mer Glaciale. Les glaces qui envahissent souvent les îles dont ces animaux fréquentent le rivage les privent pendant ce temps des ressources nécessaires à leur subsistance ; alors ils deviennent plus cruels, ou plutôt plus hardis, et souvent ils attaquent l'homme, et se jettent sur les embarcations. Mais leur nourriture habituelle consiste en poissons et en cétacés. Les dimensions auxquelles les ours blancs arrivent sont quelquefois très-considérables.

OURS NOIR, *Ursus niger.*

Celui-ci, dont la peau est surtout recherchée pour les fourrures, est abondant en certains points de l'Amérique du Nord, où se trouvent aussi des animaux du même genre, mais d'espèce différente.

Pallas a le premier reconnu parfaitement ses caractères distinctifs. La chasse de ces ours est une des plus lucratives; leurs peaux préparées servent de vêtement aux naturels américains, et sont aussi pour eux un objet de commerce et d'échange au moyen duquel ils se procurent divers articles de nécessité ou d'agrément. Le Canada seul, au rapport de Mackensie, a produit par échange aux Anglais, en 1798, deux cent mille peaux d'ours. On tire encore de ces mammifères une quantité considérable d'huile et de graisse.

LES BLAIREAUX

Ce sont des animaux à vie nocturne et à marche rampante; leurs jambes sont très-courtes, et leurs poils si longs, que leur ventre paraît toucher à terre; ils ont les ongles allongés et propres à fouir: leur queue est courte, et à la base de celle-ci existe une poche voisine de l'anus, de laquelle suinte une humeur grasse et fétide. Les blaireaux vivent dans les bois, et s'y creusent des terriers. Leur taille est celle d'un chien basset; ils vivent de proies, telles que lapins, mulots, etc., auxquelles ils joignent aussi des substances végétales et des insectes.

BLAIREAU D'EUROPE, *Meles taxus.*

Il se trouve dans toute l'Europe et aussi dans une partie de l'Asie; les chasseurs croient devoir le distinguer en deux espèces; mais il est bien démontré qu'il n'en constitue qu'une seule. Dans la plupart des provinces de la France, on le nomme *tesson*. C'est par erreur que les auteurs ont dit qu'il se dérobe à ses ennemis en grimpant sur un arbre : le blaireau, animal très-lourd, n'est rien moins que grimpeur; il est devenu assez rare dans notre pays. Sa tête est d'un blanc roussâtre, excepté le dessus de la mâchoire inférieure; ses oreilles, noires, sont bordées de blanc en dessus; son dos et ses flancs sont d'un gris sale, ondé de noirâtre; sa gorge, le dessous de la poitrine, le ventre, les jambes et les pieds sont d'un noir brun foncé, le bas-ventre étant roussâtre.

Les blaireaux passent la plus grande partie de l'hiver dans leurs terriers, qu'ils entretiennent fort propres; mais ils n'y sont pas engourdis. Ils paraissent, pendant cette saison, vivre aux dépens de la graisse abondante qu'ils ont amassée en été et en automne. La chasse du blaireau était autrefois très-pratiquée en France, et elle l'est encore beaucoup en Angleterre; sa peau est employée par les bourreliers. Les poils les plus longs de sa queue sont recherchés pour la confection de diverses espèces de pinceaux auxquels on donne parfois le nom de *blaireaux*; ils servent aussi pour les brosses à barbe.

La deuxième espèce de ce genre est le *blaireau du Labrador*.

A côté de ces animaux prennent place les gloutons, dont une espèce propre au nord de l'ancien et du nouveau continent ne dépasse pas les blaireaux en dimension, mais leur est supérieure en force et en agilité. Elle fait aux grands animaux du Nord, aux rennes, aux élans, etc., une guerre assidue, et se nourrit surtout de leur chair. Son pelage, qui compose une fourrure assez estimée, est d'une belle couleur marron, avec un peu de noir sur le dos. La longueur totale de son corps est de 865 millimètres.

D'autres animaux de la famille des plantigrades offrent aussi un véritable intérêt : plusieurs d'entre eux sont remarquables, ainsi que les blaireaux, par la disposition de leurs couleurs; contrairement à ce que l'on voit chez les autres espèces, où les teintes les plus claires occupent toujours les parties inférieures, chez celles-ci c'est aux supérieures qu'elles se font remarquer. Beaucoup d'entre elles ont, en effet, le ventre et la poitrine d'une couleur plus ou moins brune, ou même noire, ou le dos jaunâtre, gris ou tout à fait blanc. L'un des plus remarquables sous ce rapport est le ratel, *gulo mellivorus*, qui vit au cap de Bonne-Espérance ainsi que dans l'Inde. Cet animal est renommé dans tous les voyages au Cap pour son adresse à dévorer le miel des abeilles sauvages. On dit qu'il est averti du voisinage des ruches par le *coucou indicateur*, qui vient après lui partager le butin.

§ IV

CARNASSIERS DIGITIGRADES

Nous avons vu qu'on donne ce nom aux mammifères carnassiers qui marchent sur les doigts des pieds seulement, sans appuyer sur la plante; les chats, les chiens, les martes et les civettes, sont tous des animaux digitigrades. Il n'est pas nécessaire d'ajouter que des espèces appartenant à d'autres ordres qu'à celui des carnassiers sont aussi digitigrades. C'est parmi les carnassiers de cette famille que se placent les espèces les plus redoutables par leur force et par leurs appétits farouches.

LES MOUFFETTES

Elles se rapprochent assez des blaireaux et des gloutons; et, comme elles sont à demi plantigrades, elles forment une coupe intermédiaire entre ces animaux et les martes. Leur système dentaire ne diffère guère de celui des putois que par l'existence de deux tubercules de plus au côté interne de la dent molaire qu'on appelle la carnassière; leur pelage est ordinairement rayé de blanc sur un fond noir, le blanc dominant en dessus; et leur queue, garnie de longs poils, est habituellement relevée sur le dos comme un panache.

Les mouffettes, remarquables par leur excessive puanteur, se trouvent seulement en Amérique; elles vivent dans des terriers, et se nourrissent de petits quadrupèdes, d'œufs, etc.

LES MARTES

Les martes (*mustela*) et les espèces analogues forment une petite tribu de carnassiers digitigrades remarquables par la forme allongée de leur corps, ce qui les a fait parfois qualifier de vermiformes. Celles qui composent le genre des martes et des putois ont trente - quatre ou trentesix dents, les putois ayant de chaque côté de la mâchoire supérieure une fausse molaire de moins que les martes. Ces animaux sont souvent remarquables par la cruauté de leurs instincts; ils se rapportent à un grand nombre d'espèces, et sont plus nombreux dans les régions du nord que sous les latitudes tropicales. Nous en avons cinq en France, sans compter le furet, qui doit être considéré comme un animal importé de Barbarie et d'Espagne. M. Florent Prévost a remarqué qu'une septième espèce, le *vison*, se rencontre aussi en France, principalement dans le Poitou. On sait que le vison habite surtout le nord de l'Amérique.

PUTOIS, *Mustela putorius.*

Le putois se tient à la campagne, dans les bois, aux environs des maisons rurales, dans lesquelles il s'introduit pour faire une guerre à mort aux volailles et aux lapins; il se jette sur les poules et les pigeons en les saisissant par le cou, et souvent même leur séparant la tête, dont il mange la cervelle. Cet animal a le corps long de 514 millimètres, et la queue de 163 millimètres; son pelage est brun, les poils intérieurs étant d'un blanc jaunâtre : quelques taches blanches se remarquent sur sa tête, et notamment près de son museau.

Le furet présente aussi le même système de dentition que le putois; il est domestique en France, et on l'emploie surtout à la chasse du lapin, qu'il fait sortir de son terrier.

BELETTE, *Mustela vulgaris.*

Elle est commune en France; son corps est long de 176 millimètres, et sa queue de 90 millimètres; son pelage est fauve, passant au gris en dessous, et sa queue n'est jamais noire à la pointe comme celle de l'hermine. Cette dernière, *mustela herminea,* est un peu plus grande, et, ce qui la distingue surtout, sa queue est noire à son extrémité, quelques couleurs que présentent les autres parties de son corps. La belette s'avance plus vers le sud que l'hermine, qui est, au contraire, presque exclusi-

vement propre aux régions septentrionales de la
Russie et de la Sibérie. Néanmoins la belette et
l'hermine se rencontrent l'une et l'autre en
France. Les hermines deviennent ordinairement

Hermine.

blanches en hiver, leurs peaux sont principalement employées pour doubler les manteaux d'ap-
parat des princes et des rois.

MARTE ET FOUINE

La fouine (*mustela foina*) est un animal fort
semblable à la marte commune (*mustela martes*),

et à l'espèce américaine connue sous le nom de marte des Hurons, et qui est intéressante à cause de la finesse de sa fourrure. La fouine est à peu près de la taille d'un jeune chat; sa longueur de l'occiput à la queue est d'un peu plus de 33 centimètres, sa hauteur au train de devant étant de 19 centimètres. Toutes les parties supérieures de cette espèce, sa tête exceptée, sont d'un fauve brun connu dans la peinture sous le nom de bistre; son museau est d'une teinte plus pâle, ses pattes et sa queue passent au brun, et l'on voit sur le haut de sa poitrine et le dessus du cou une large plaque d'un beau blanc. C'est la couleur de cette tache qui distingue la fouine de la marte commune et de celle que nous citions tout à l'heure. Chez la marte, la tache existe avec une disposition analogue; mais elle est fortement nuancée de jaune. Chez la marte des Hurons ou du Canada, elle peut exister ou ne pas exister, ainsi qu'on peut s'en assurer en examinant les peaux de cette variété, si nombreuses chez les fourreurs; mais elle n'est jamais d'un blanc pur. Une autre *mustela* se rapproche encore de la fouine : c'est la zibeline, *mustela zibelina*, qui a la gorge grise et le pelage plus moelleux et d'une qualité supérieure.

La marte est de toute l'Europe occidentale; la marte des Hurons est de l'Amérique du Nord; la zibeline est de toute la zone froide de notre hémisphère, et la fouine préfère les parties occidentales de l'Asie; mais en Europe elle s'avance plus au sud que la marte. Quant aux mœurs, elles diffèrent peu; la fouine et la marte présentent néanmoins dans les leurs quelques particularités : la

Marte zibeline.

première semble rechercher les habitations de l'homme pour y établir sa demeure, tandis que la seconde se tient à l'écart, et habite plutôt dans les bois; mais ces différences sont moins importantes encore que celle de la couleur : aussi quelques auteurs ont-ils regardé ces divers animaux comme de simples variétés d'une même espèce.

On trouve des *mustela* en Afrique; et une espèce, dont la couleur rappelle celle des mouffettes, y a reçu le nom de zorile, *mustela zorilla*.

LES LOUTRES

Nous ne devons pas passer sous silence ces animaux, dont une espèce habite l'Europe, et qui ont

Loutre.

des représentants en Afrique et en Asie, ainsi que dans l'Amérique Nord et Sud. Les loutres, au corps plus allongé que celui des martes, sont surtout organisées pour une vie aquatique ; elles se trouvent dans les lacs, les fleuves, et parfois dans les eaux de la mer. L'espèce d'Europe se rencontre aussi en France ; mais elle n'y est pas commune. Quoi qu'on en ait dit, son caractère n'est ni sanguinaire ni redoutable, et elle est facile à soumettre et même à apprivoiser. Avec quelques précautions on parvient à la dresser pour la pêche, et mettant à profit la facilité avec laquelle elle se meut au sein des eaux, on la lâche à la recherche du poisson. La fourrure de cette espèce est beaucoup moins estimée que celle de la grande loutre de mer, autrement appelée *saricovienne*. Celle-ci fréquente le Nord ; on la chasse avec activité ; sa peau, dont on fait un commerce très-lucratif, est surtout recherchée par les Chinois de distinction, et devient un des plus beaux ornements de leur riche parure.

LES MANGOUSTES OU ICHNEUMONS

Si, dans le système de théogonie des anciens Égyptiens, tous les êtres qui peuplent la surface de la terre devaient recevoir un culte particulier en raison de l'influence qu'ils exercent sur l'économie de la nature et de la part qu'ils prennent dans l'harmonie générale, l'animal qui fait le sujet de cet article avait plus qu'aucun autre des droits aux hommages de ce peuple singulier. L'ichneumon, en effet, est éminemment utile, à cause de ses instincts qui le portent à se nourrir, de préférence à toute autre substance, des œufs de cro-

codile et des autres grands reptiles, qui sont si nuisibles dans la partie de l'Afrique que le Nil arrose
de ses eaux. Le nombre considérable d'animaux de
cette classe qu'il détruit en empêchant leurs œufs

Ichneumon.

de se développer méritait sans aucun doute la reconnaissance des Égyptiens. Poussé par un besoin de destruction, et dirigé par beaucoup de pru-
dence, on le voit, à la chute du jour, se glisser
entre les inégalités de terrain, épiant la moindre
apparence, fixant son attention sur tout ce qui
vient frapper ses sens, dans la vue de reconnaître

un danger ou de découvrir une proie ; et, si le hasard le favorise, il ne se borne pas à satisfaire son appétit, il attaque tout ce qui se trouve à sa portée. Mais, s'il est utile en détruisant les œufs des reptiles, il devient parfois incommode, à cause des ravages qu'il fait dans les habitations où il a pu pénétrer ; car, semblable à la fouine, il met à mort toutes les volailles qu'il y rencontre, sacrifiant aussi bien les mères et leurs petits que les œufs qu'elles viennent de pondre ou qu'elles couvent. Il met beaucoup de persévérance pour atteindre sa proie : on le voit rester des heures entières à la même place, guettant l'animal qu'il y a vu, et dont il est tenté de se rendre maître. Cette qualité le rend très-propre à remplacer les chats, pour débarrasser une maison des petits animaux parasites qui peuvent y avoir choisi leur retraite, et c'est, en effet, dans cette intention qu'on élève quelquefois des ichneumons en domesticité.

La couleur de l'ichneumon est d'un brun foncé, tiqueté de blanc sale ; cette dernière teinte est plus abondante sur le ventre et les flancs ; la queue est terminée par un flocon de poils entièrement bruns, et la longueur totale de cette partie et du corps entier mesure 81 centimètres environ.

L'Afrique possède plusieurs autres ichneumons ; on en trouve aussi dans l'Inde, en Chine et aux îles de la Sonde ; mais il n'en existe pas en Europe.

LES CIVETTES

Le genre des civettes, en latin *viverra*, auquel appartiennent aussi les genettes, renferme différents animaux de l'ancien monde, confinés dans les pays tempérés ou dans les zones intertropicales, et dont une seule espèce vit en Europe. Ce groupe, qui n'a point de représentants en Amérique, est composé d'animaux à formes assez déliées, et qui ont quelque analogie avec les chats dans leurs mœurs, bien qu'ils n'aient pas les ongles rétractiles de ces derniers; leurs dents sont au nombre de quarante, et ils ont pour chaque mâchoire douze molaires, six de chaque côté. L'odeur souvent musquée que répandent les civettes est due à des glandes situées près de la queue, et qui acquièrent chez les véritables civettes et chez le zibeth un développement assez grand pour qu'il soit possible de recueillir leur produit et d'en faire un objet de commerce; cette substance est employée et bien connue sous le nom de *civette*.

CIVETTE D'AFRIQUE, *Viverra civetta.*

Elle est surtout du versant oriental de l'Atlas; sa taille est d'un tiers plus grande que celle du chat; son pelage est gris, tacheté, et couvert de bandes brunes et noirâtres. En Abyssinie, on élève beaucoup de civettes en esclavage afin de recueillir leur parfum, soit en le ramassant lorsqu'il tombe, soit en le prenant dans la poche qui le fournit, au moyen d'une espèce de cuiller, ou en introduisant dans ce réservoir des substances grasses qui se pénètrent de la matière odorante, et qu'on en retire ensuite.

ZIBETH, *Viverra zibetta.*

L'Inde, Sumatra et plusieurs grandes îles de l'archipel Indien, sont la patrie du zibeth. Le corps de cet animal a environ 405 à 487 millimètres de longueur sans y comprendre la queue, qui en a 297; son pelage est moins fourni que celui de la civette, et sa crinière ou les longs poils de son échine, sont beaucoup moins étendus. On assure que le zibeth est domestique en Abyssinie.

GENETTE DE FRANCE, *Viverra genetta.*

La civette et le zibeth sont les espèces les mieux connues, et celles chez lesquelles la production odorante est la plus abondante. On a réservé le nom de genette à plusieurs autres animaux également odorants, mais à un degré beaucoup moindre. De ce nombre est la *genette de France*, qui vit aussi en Espagne et dans une partie de l'Afrique. Chez nous elle n'habite qu'un petit nombre de départements méridionaux, où elle est fort rare. Buffon ne l'a point connue, et celle qu'il nous donne sous le nom de genette de

France appartient à l'Inde. Au même groupe se rapporte la genette indienne, *viverra indica*, qui fréquente une grande partie du continent indien et toutes les îles de la mer des Indes depuis Sumatra jusqu'aux Philippines; on peut encore citer la

Genette de France.

genette du Cap, *viverra felina*, et celle de Madagascar, à laquelle on donne le nom de fossane, *viverra fossa*.

LES CHATS

On appelle en latin *felis* les animaux du même genre que notre chat domestique, tels que le lion, le tigre, la panthère, et un très-grand nombre d'autres espèces, moins importantes peut-être dans l'économie générale, mais non moins dignes de l'attention des naturalistes. Les principaux traits caractéristiques des *felis* résident dans leurs dents, au nombre de trente seulement, leur mâchoire supérieure n'ayant que quatre molaires, dont une fausse de chaque côté, et l'inférieure trois seulement. Ces animaux sont de tous les carnassiers les plus féroces et les plus sanguinaires; ils sont aussi ceux qui disposent des armes les plus puissantes; leurs mâchoires courtes et robustes, leurs membres puissants et armés d'ongles rétractiles, c'est-à-dire susceptibles de se retirer dans une sorte de gaîne comme autant de crochets au moyen desquels ils déchirent leur proie, les rendent redoutables à tous les autres quadrupèdes. La plupart vivent dans les bois, et font une chasse assidue aux animaux de toutes sortes qui les fréquentent avec eux; comme les oiseaux de proie dont ils rappellent les principaux traits, ils se tiennent solitaires, chacun d'eux restant maître du cantonnement qu'il a choisi. On trouve des *felis* dans les deux continents; mais aucun n'existe à la Nouvelle-Hollande: la plupart sont des contrées méridionales, et cependant il en est qui remontent assez avant vers le nord. Le tigre lui-même, qu'on pourrait croire exclusivement attaché à l'Inde, est aussi dans ce cas, puisqu'on le rencontre jusqu'en Sibérie, en Corée, etc. Dans ces froides régions, sa fourrure devient plus épaisse, et, comme l'irbis, autre espèce du même genre qui s'y rencontre avec lui, il présente des particularités dépendantes du climat. Les lynx, qui sont aussi des chats, comprennent également plusieurs espèces tout à fait septentrionales.

LION, *Felis leo.*

A la tête des espèces du genre chat est le lion, surnommé le roi des animaux à cause des belles qualités, de la force, j'ai presque dit de la magnanimité, que tout le monde lui reconnaît. Les lions, dont les traits caractéristiques sont bien connus, et que chacun distingue à l'épaisse crinière dont leur train antérieur est orné, à la couleur fauve et uniforme de leur pelage et au flocon noir de l'extrémité de leur queue, habitent dans l'Afrique et aussi dans la partie méridionale de l'Inde: on doit même supposer qu'ils ont autrefois vécu en Grèce ; c'est au moins ce que porte à penser le témoignage des anciens auteurs ; mais ils n'ont pas tardés à en être repoussés. Un mammifère d'un autre genre, le chacal, qui est du groupe des chiens, est cité par les savants comme le fidèle compagnon du lion ; quelques-uns ont même admis une sorte d'intelligence entre l'un et l'autre : le fait est que le plus souvent ces deux carnassiers

habitent les mêmes contrées ; par toute l'Afrique
on les rencontre également. Le chacal est aussi

Lion.

d'Asie ; mais il est plus répandu que le lion, et
il se trouve encore en Grèce. Ce n'est pas en ce

pays seulement que les lions ont eu à souffrir des progrès de la civilisation; quoiqu'ils n'aient point encore été détruits dans certaines autres contrées, ils y sont aujourd'hui bien moins abondants qu'autrefois. La Barbarie, qui recèle encore un nombre considérable de ces animaux, en fournissait bien davantage aux Romains, et les Grecs en retiraient de l'Asie Mineure plus qu'on n'en rencontrerait de nos jours.

TIGRE ROYAL, *Felis tigris.*

Il se distingue par son pelage fauve en dessus, blanchâtre aux parties inférieures, et rayé de bandes de couleur noire. Sa taille est celle du lion. Cet animal est le véritable tigre, quoique souvent, et surtout dans le commerce, on donne ce nom aux espèces tachetées, c'est-à-dire aux panthères et aux jaguars. Le tigre ne se rencontre pas en Afrique; mais en Asie, où il vit; il s'étend assez au nord, et on le trouve aussi sur les bords de la mer Caspienne, ainsi qu'à Java et à Sumatra, dans la mer des Indes. Quoiqu'on l'ait donné comme différant essentiellement du lion par ses mœurs et ses instincts, il présénte, à peu de chose près, les mêmes habitudes que ce dernier, dont il a la force et le courage. Quoique aussi abondant que le lion dans les pays qui sont sa véritable patrie, on le voit plus rarement dans nos ménageries, à cause de l'éloignement des contrées qu'il habite.

Tigre.

JAGUAR, *Felis onca*.

Cet animal représente le tigre en Amérique ;

aussi lui a-t-on donné le nom de ce dernier, et les fourreurs le nomment-ils de préférence tigre d'Amérique ou bien grande panthère, le confondant alors, ainsi que Buffon l'avait fait, avec les panthères, qui sont tachetées à peu près selon la même manière, mais qui sont d'Asie et d'Afrique, et qui présentent d'ailleurs plusieurs particularités fort caractéristiques. Le jaguar est presque aussi grand que le tigre d'Orient, et presque aussi dangereux ; il fréquente les bois épais et y fait sa demeure ; il s'approche souvent des habitations pour y chercher une proie. On le distingue par son pelage, d'un fauve vif en dessous, marqué le long des flancs de quatre rangées de taches noires en forme de roses, c'est-à-dire composées elles-mêmes d'autres taches plus petites, et ayant un point noir à leur centre.

PANTHÈRE ET LÉOPARD

L'histoire de ces deux animaux n'est pas encore définitivement établie, et les auteurs ne sont pas d'accord sur les traits qui appartiennent à chacun d'eux. Ce sont, en effet, des espèces fort difficiles à distinguer ; mais dont on trouvera nécessairement les caractères quand on aura pu les étudier sur un plus grand nombre d'individus. Ces animaux sont tachetés comme les jaguars ; mais ils leur sont inférieurs en dimension ; l'un et l'autre

entraient dans les attributs de Bacchus. Les panthères employées pour la chasse dans certaines

Caracal.

parties de l'Inde n'appartiennent ni à l'espèce de
la panthère proprement dite, ni à celle du léo-

pard : ce sont des guépards ; elles se distinguent par la disposition de leurs couleurs, et surtout par leurs ongles, qui ne sont pas rétractiles. Les mœurs des guépards sont assez semblables, sous certains rapports, à celles des hyènes et des chiens.

Beaucoup d'autres espèces se distinguent dans le genre chat ; nous citerons parmi elles le lynx, dont une race a quelques représentants dans les Pyrénées françaises et dans diverses autres parties de l'Europe. Rappelons aussi le caracal, *felis caracal*, qui est de l'Afrique et de l'Inde. L'espèce de ce dernier n'est pas très-rare en Barbarie, et particulièrement dans nos possessions algériennes. Sa couleur fauve roussâtre, ses oreilles noires en dehors et surmontées avec élégance d'un pinceau de poils semblablement colorés, le jeu de sa physionomie, en font un animal remarquable. Le caracal paraît être le lynx des anciens ; il est deux fois gros comme le chat domestique ; mais ses proportions sont plus élancées.

CHAT DOMESTIQUE

La souche qui nous a fourni le chien, le chat et la plupart de nos animaux domestiques, est inconnue pour presque toutes ces espèces. Différents auteurs, reconnaissant dans l'Inde le berceau de l'espèce humaine et de sa civilisation, veulent que les différents animaux domestiques

soient eux-mêmes originaires des races sauvages
qui peuplent ces contrées. C'est, en effet, à des espèces ou même à des genres tout à fait asiatiques
que le cheval, l'âne, la poule et quelques autres
appartiennent ; et cette seule coïncidence semblerait appuyer, sinon démontrer, la manière de
voir que nous venons de citer. Mais il n'en est pas
complétement de même pour les chiens, les chats,
les cochons, les moutons, etc. ; ces genres ont dans
l'Inde des représentants dont ils se rapprochent
en effet ; mais des espèces congénères de ces animaux vivent aussi dans beaucoup d'autres régions : or qui empêche que l'homme, dans les
diverses contrées où il est venu s'établir, n'ait
soumis les animaux sauvages qu'il y a rencontrés,
comme il a pu le faire en Europe et en Afrique, et
comme il l'a fait évidemment en Amérique en
rendant le lama domestique ? Dans cette manière
de voir, on est conduit à admettre que les races
nombreuses d'animaux domestiques de même nom
sont elles-mêmes des races issues de différentes
espèces, et que, pour nous borner au chat, dont
il est question, les individus domestiques en Europe descendent du chat sauvage, *felis catus*, de
cette partie du monde, comme ceux d'Afrique ont
donné naissance aux variétés qui vivent chez les
Égyptiens, les Abyssins, etc. ; et semblablement
pour ceux de l'Inde. Les forêts de ces diverses régions recèlent, en effet, des espèces fort voisines

des variétés nombreuses qu'y présente le chat domestique. Celui-ci, que les Grecs connaissaient à peine, mais qui était commun chez les Romains et chez les anciens Égyptiens, n'a pas été

Chat sauvage.

trouvé en Amérique et en Australie lors de la découverte; ce qui indique que son association avec l'homme est moins ancienne que celle du chien que ces peuples, surtout les Australiens, possédaient déjà. Il est aujourd'hui généralement répandu; mais, dans tous les pays, il est plutôt un familier qu'un véritable serviteur; il cherche, dans ses rapports avec l'homme, protection, tranquillité, subsistance assurée ; mais il est loin d'être aussi directement utile que le chien.

LES HYÈNES

Les hyènes établissent un point de transition entre les chats et les chiens ; car elles ont dans leurs mœurs, autant que dans leur organisation, diverses particularités qui les rapprochent en même temps des uns et des autres ; leurs allures ont quelque chose de bizarre et de disgracieux, résultant de la disposition de leurs membres, qui sont plus longs antérieurement qu'en arrière ; aussi leur dos est-il incliné. Leurs dents incisives et leurs canines sont en même nombre que chez les autres digitigrades, et elles ont cinq molaires à la mâchoire supérieure, et quatre à l'inférieure. L'opinion générale sur ces animaux n'est pas plus fondée que celle qu'on se fait des mœurs du lion, du tigre et de tant d'autres, et la réputation de férocité extrême qu'on leur a faite n'est rien moins que justifiée. Les hyènes sont voraces ; mais elles manquent de courage, d'adresse et aussi d'armes offensives égales à celles des lions et des tigres, et leur nourriture habituelle consiste en animaux morts et en charognes, qu'elles cherchent après que ces grands destructeurs les ont abandonnés. C'est seulement lorsque la faim les presse qu'elles atta-

quent les animaux vivants, et ce n'est que dans les
cas extrêmes qu'elles se jettent sur l'homme, ainsi
qu'on voit d'ailleurs les loups eux-mêmes, les ours

Hyène.

et jusqu'aux chiens sauvages, le pratiquer en pa-
reille circonstance. Elles sont assez faciles à soumettre, et elles s'apprivoisent jusqu'à un certain
point. Dans les ménageries elles comptent parmi
les plus dociles, et dans beaucoup de contrées
d'Orient on les élève fréquemment de manière à

pouvoir leur laisser autant de liberté qu'aux chiens. On connaît trois espèces d'hyènes : l'*hyène brune* est plus rare, et fréquente l'Afrique australe; l'*hyène tachetée*, un peu plus grande, est à peu près de la taille du loup; on l'observe surtout en Afrique, depuis le Sénégal, principalement, jusqu'au Cap. La troisième est l'*hyène rayée;* cette dernière diffère seulement par la disposition de ses couleurs, qui présentent, sur un fond analogue à celui de l'hyène tachetée, des bandes au lieu de taches ; elle habite la Perse, l'Arabie, l'Égypte et l'Abyssinie...

On a quelquefois confondu dans le même genre que les hyènes un animal également originaire du sud de l'Afrique, et d'abord nommé civette hyénoïde, parce qu'il rappelle, en effet, les hyènes par ses formes extérieures, mais que la singulière conformation de son système dentaire a fait avec raison distinguer en un genre particulier qu'on a nommé *protèle*. Ces protèles préfèrent les sables du désert; ils se creusent des terriers, dans lesquels ils passent une partie du jour, et, comme les hyènes, ils ne sortent que le soir, ou pendant la nuit, pour chercher leur nourriture. Leurs dents ne sont pas sans analogie avec celles des diverses espèces de phoques.

CHIENS

Le loup, le renard, le chacal, le chien domestique et beaucoup d'autres animaux analogues sont des espèces d'un même genre auquel le chien a donné son nom. Tous ont cinq doigts antérieurs, et quatre avec un pouce tout à fait rudimentaire postérieurement; leurs ongles sont propres à fouir le sol, mais ils ne sont pas rétractiles; leur langue n'est pas armée de crochets comme celle des chats, et ils ont quarante-deux dents. Moins carnassiers que les martes, et à plus forte raison que les hyènes et les chats, ceux-ci associent fréquemment les productions végétales aux substances animales dont ils font leur nourriture; ils ont l'odorat excessivement sensible, et, lorsqu'ils poursuivent une proie, ils le font à la piste avec beaucoup d'adresse. On sait combien l'homme a retiré d'avantages de cette qualité précieuse du chien domestique.

Toutes les espèces de ce grand genre n'ont pas les mêmes mœurs : les unes sont diurnes, c'est-à-dire que c'est dans le jour qu'elles se livrent avec le plus d'activité à leurs divers actes; d'autres sont nocturnes; elles sont aussi plus ou moins carnivores (plus ou moins avides de chair); trop faibles pour attaquer l'homme, trop inhabiles souvent pour se procurer certains gibiers que la finesse permet aux renards de saisir, les loups recherchent plus souvent que ces derniers les racines et diverses autres substances végétales. Ainsi que les chacals, ils sont beaucoup plus omnivores; sous ce rapport, ils ont plus d'analogie avec l'espèce domestique. Ils ne perdent pas néanmoins, lorsqu'elle se présente, l'occasion d'enlever au berger quelques brebis; mais ils fuient devant lui, et, s'ils se rapprochent quelquefois des villages, s'ils attaquent de temps à autre les hommes, et surtout les femmes et les enfants, c'est lorsque le besoin d'aliments se fait impérieusement sentir.

LOUP, *Canis lupus.*

Il est de toute l'Europe, d'une grande partie de l'Asie, et se rencontre aussi dans une portion de l'Amérique du Nord. La longueur totale de son corps est de 1 mètre 16 centimètres; sa queue a 43 centimètres de long, et sa hauteur est de 82 centimètres environ au garot. Son pelage est composé de poils grossiers d'un gris fauve, varié de diverses nuances sur quelques parties. Quelquefois le loup est entièrement noir. La variété de cette dernière couleur a été prise le plus souvent pour une espèce distincte; mais il est bien constaté maintenant que le loup noir (*canis lycaon*) et le loup ordinaire peuvent provenir de la même portée, ce qui ne permet plus de doute sur leur affinité. Quelques individus, avancés en âge, passent au con-

traire au blanc, et constituent une autre variété.
La durée de la vie de ces animaux est de quinze à
vingt ans. Dans l'hiver, et surtout lorsque le froid
est rigoureux, ils se réunissent quelquefois pour
chasser, et l'on croit avoir remarqué qu'ils se disposent en relais pour atteindre leur proie plus sû-
rement. Dans les pays de hautes montagnes, et
lorsque les gelées sont longuement prolongées, on
voit parfois des troupes de loups affamés, composées de plusieurs centaines d'individus, souvent
accompagnées d'ours, se répandre dans les campagnes et entrer dans des villages pour se jeter sur
tous les animaux qu'ils rencontrent, moutons,
chiens, chevaux, bœufs, sans épargner l'homme
lui-même. Les loups deviennent facilement en-
ragés, et, vers le milieu du siècle dernier, un
d'eux, atteint de cette maladie, a causé d'immenses
ravages en France, et a été surnommé *bête du
Gévaudan*; c'est à tort qu'on a dit que cet animal
était une hyène, car l'hyène n'existe pas naturellement chez nous.

La voix du loup est un hurlement prolongé, que
les chiens distinguent de loin, et qui produit toujours sur eux un sentiment de terreur; car le loup
et le chien, quoique fort semblables par leur organisation, et peut-être originaires d'une souche
commune, sont des animaux qu'on regarde comme
antipathiques. Néanmoins, de même que le lion et
le tigre, ils reproduisent ensemble, et leurs petits

qu'on nomme *chiens-loups*, sont eux-mêmes féconds, bien qu'ils n'aient pas jusqu'ici donné lieu à de longues lignées.

CHACAL, *Canis aureus*.

Nous en avons fait mention en parlant du lion, dans l'histoire duquel il joue, chez certains auteurs, un rôle assez important, bien que du second ordre. L'Afrique, l'Inde, le Caucase, et, en Europe, la Grèce produisent des chacals, et partout ces animaux sont communs, et présentent des différences qui ont servi à les distinguer enplusieurs variétés. Ce sont des animaux fouisseurs qui se tiennent par troupes, et dont la vie est surtout nocturne. Un peu plus grand que le renard, le chacal approche plus que lui du loup par ses membres plus élevés, et par sa queue moins longue et moins garnie. Son pelage fauve, légèrement doré dans certaines parties du corps, lui a valu son nom de *canis aureus*.

RENARD, *Canis vulpes*.

Plus répandu que le loup, plus méfiant et plus rusé que lui, le renard n'est pas moins nuisible à cause de sa destruction des volailles et du gibier. Il établit son domicile au milieu des bois peu éloignés des habitations rurales, ordinairement dans un ancien terrier de lapin, qu'il élargit à sa mesure, ou dans celui d'un blaireau qu'il a chassé en l'infectant de son urine. Il ne sort de cette retraite qu'au crépuscule du soir ou pendant la nuit, et y rentre dès que le jour commence à poindre. Doué d'organes de vision très-perfectionnés et d'un odorat très-délicat, il ne lui est pas difficile, dans ses chasses nocturnes, de trouver les traces des animaux dont il se nourrit ; il se met à l'affût pour les saisir.

CHIEN DOMESTIQUE, *Canis familiaris.*

Le nom de *canis familiaris,* comparé à ceux du loup, du chacal et du renard, *canis lupus, canis aureus, canis vulpes,* pourrait faire croire que les nombreuses races d'animaux auxquelles on l'applique en zoologie constituent, comme chacun de ceux-ci, une espèce réellement particulière, bien distincte et facile à caractériser. Mais l'histoire du chien, moins avancée peut-être que celle d'aucun autre animal domestique, est loin d'avoir la rectitude qu'on pourrait lui supposer, lorsqu'on vient l'interroger sur l'origine de ce fidèle servireur, c'est-à-dire sur la race sauvage dont il est issu ; car, quelque ancienne qu'on la suppose, l'association de cet animal avec l'espèce humaine est postérieure aux premiers temps de la création; et comme le cheval, l'âne, le cochon, le coq, etc., le chien a eu son type sauvage. Moins anciennement soumises que lui, les espèces que je viens de citer ont été nécessairement modifiées d'une manière moins profonde par la domesticité, et comme elles différaient moins de leurs types originels, ceux-ci ont été plus faciles à reconnaître. Mais il n'en a pas été de même du chien, et l'on peut dire que c'est encore aujourd'hui une question que de savoir de quels animaux il provient, puisque l'opinion des savants n'est point fixée à cet égard. Le loup, le chacal ou le renard lui ont-ils donné naissance ? Ou bien, comme l'ont pensé divers auteurs, appartient-il à quelque autre espèce du même genre dont la race sauvage se serait anéantie, ou serait inconnue des naturalistes ? Cette dernière opinion est certainement la plus probable, et elle prendra plus de gravité encore, si l'on remarque que la plupart de nos animaux domestiques de l'ancien monde proviennent en grande partie de l'Inde, comme cela est de toute évidence pour le cheval, l'âne et le coq, et que cette partie du globe renferme plusieurs races ou espèces sauvages de chiens peu éloignés du chien de berger, que Buffon et tous les auteurs supposent le plus rapproché de son type sauvage.

Pour juger de l'influence qu'ont eue sur ces quadrupèdes leurs relations avec l'espèce humaine, il n'est pas même nécessaire de savoir ce qu'ils étaient avant d'être soumis à la domesticité ; il suffit de comparer les variations qu'on remarque entre les diverses races de chiens domestiques, et celles que présentent les variétés de telle autre espèce restée dans les conditions où l'a placée la nature, et l'on ne tardera pas à reconnaître que ces différences sont pour la plupart d'une importance plus grande que celles qui distinguent non-seulement, comme nous le disions, les diverses races d'une même espèce, mais encore les différentes espèces d'un même genre ; car les altérations portent sur la forme générale et sur celle de chacun des organes en particulier.

Les mœurs du chien sont aussi variables que ses formes extérieures. L'homme a créé pour chaque race un genre de vie qui semble en rapport avec sa nouvelle organisation. L'une est dressée à telle sorte de chasse ; celle-ci l'est pour la garde ; telle autre, pour la conduite des troupeaux : on a des chiens contrebandiers, comme on en a qui sont nés, j'ai presque dit façonnés, pour la vie de salon, et d'autres qui doivent traîner des fardeaux comme des bêtes de somme ou briller dans les combats. Autrefois on se servait de limiers pour traquer les malfaiteurs, et dans quelques colonies des Antilles on avait recours, il y a peu d'années encore, à ce moyen barbare, pour atteindre les nègres qui fuyaient l'esclavage, et se réfugiaient dans les bois. Mais, bien que profondes, ces altérations dans les mœurs et l'organisme du chien ne tarderaient pas à s'effacer elles-mêmes, si les causes qui les produisent ou les entretiennent venaient à cesser, et il est probable que ces ani-

maux, en redevenant sauvages, finiraient par re-
prendre plus ou moins leur forme primitive. Aussi

Chien sauvage.

ceux qui, dans leurs rapports avec l'homme, ont
un genre de vie plus analogue avec le régime pour

lequel la nature les avait créés, doivent-ils être, et sont-ils réellement les plus voisins du type primitif. Buffon, qui n'avait pu, comme on l'a fait depuis, étudier les diverses races domestiques de l'Inde et de l'Australie, avait reconnu que le chien de berger, parmi ceux que nous possédons, devait être le plus analogue à la souche de tous les autres. C'est, en effet, de cette variété remarquable que se rapprochent les chiens mi-sauvages, mi-domestiques de la Nouvelle-Hollande, et ceux qui sont redevenus entièrement sauvages en Amérique depuis que les Européens se sont établis dans cette partie du monde.

L'étude des nombreuses variations qu'a subies le chien domestique n'a pas été négligée des naturalistes. Nous dirons seulement que chacune de ces races reçoit des savants une dénomination particulière ; et ici, comme pour les variétés de toutes les espèces, cette dénomination est ajoutée à celle que l'espèce porte elle-même dans le système zoologique. Le chien ayant été nommé, comme nous l'avons dit, *canis familiaris*, on appelle *canis familiaris gallicus* le chien courant, *canis familiaris borealis* le chien des Esquimaux, *canis familiaris fricator* le doguin, *canis familiaris australis* celui de la Nouvelle-Hollande, etc.

§ V

LES CARNASSIERS PINNIGRADES

Nous savons déjà qu'on appelle *pinnigrades*, c'est-à-dire progressant à l'aide de nageoires, ceux des animaux carnassiers qui, vivant complétement dans l'eau, ont leurs membres tout à fait disposés pour la natation. Cette cinquième famille se compose de phoques et de morses, qui sont tous des animaux marins ; leurs pieds sont si courts et tellement enveloppés dans la peau, qu'à terre ils ne peuvent servir pour marcher ; alors les phoques sont obligés de ramper ; mais les membranes qui réunissent leurs doigts font de leurs extrémités des nageoires assez comparables à celles des poissons, et leurs corps ayant une forme à peu près semblable à celle de ces derniers animaux, les pinnigrades nagent avec une facilité extrême. La disposition de leurs membres postérieurs est surtout remarquable : ils sont courts et dirigés en arrière, parallèlement à l'axe du corps ; le bassin de ces animaux est étroit, et leur queue, courte, est en partie cachée entre les membres postérieurs.

LES PHOQUES, *Phoca.*

Le genre des phoques, dont tout le monde a entendu parler, comprend un nombre assez considérable d'espèces répandues dans toutes les mers, sous toutes les latitudes, et parmi lesquelles il en est plusieurs qui atteignent une taille remarquable, et d'autres qui, bien que moins colossales, méritent d'être signalées à cause des produits que leur peau et leur graisse fournissent aux navigateurs qui se livrent à leur chasse. Moins profondément modifiés dans leur appareil locomoteur que les lamantins et les cétacés, les phoques sont, pour ainsi dire, moins invariablement aquatiques ; aussi s'approchent-ils plus fréquemment des rivages ; ils y viennent même pour s'y choisir un lit de repos, et c'est aussi à terre qu'ils mettent au monde et allaitent leurs petits. Habitants naturels des mers, ils recherchent les côtes désertes, et nulle part ils ne sont plus abondants que sur les rivages des terres frappées de mort et enveloppées des glaces du pôle ; c'est là que leurs sauvages tribus se plaisent de préférence depuis des siècles et qu'elles y sont sans cesse de plus en plus refoulées par le génie destructeur de l'homme, qui les harcelle et les y poursuit. Toutes les mers de l'océan Atlantique, de même que la Méditerranée et la Caspienne, aussi bien que l'océan Indien, les océans Arctique et Antarctique, nourrissent des phoques ; mais on peut poser en principe que ceux de ces animaux qui vivent sous l'équateur et entre les tropiques ne sont jamais que des espèces isolées ou solitaires, tandis que ceux du pôle boréal et du pôle austral se réunissent, au contraire, en grandes compagnies, et forment d'innombrables légions.

Les phoques sont recherchés pour leur graisse huileuse, qui est usitée dans les arts ; mais certaines espèces de ces animaux sont surtout estimées à cause de leur fourrure douce et soyeuse.

PHOQUE MOINE, *Phoca monachus.*

C'est celui de la Méditerranée ; il atteint 2 mètres 25 à 2 mètres 60 de longueur, et son pelage est d'un brun noirâtre en dessus et blanchâtre en dessous. Cet animal était déjà connu des anciens ; on le rencontre quelquefois sur nos côtes du midi de la France. Les phoques de nos rives océaniennes se rapportent à deux ou trois espèces ; ceux des mers du Nord sont beaucoup plus nombreux. On chasse les phoques non-seulement dans les mers australes, mais aussi dans plusieurs points des mers boréales, au Kamtschatka, à Terre-Neuve, sur les côtes d'Islande, etc. Les nombreuses espèces que renferme le genre de ces animaux ont fait le sujet de plusieurs travaux importants, parmi lesquels nous citerons ceux de Fabricius, Péron, Blainville, Cuvier, Tiennemann et Nilson. On connaît des phoques pourvus d'oreilles, et d'autres qui n'ont à l'extérieur aucun rudiment de cet organe ; les premiers ont reçu le nom d'otaries ; les dénominations vulgaires des phoques sont celles de chien de mer, veau marin, lion marin, etc. Celle

de chien de mer est certainement une des plus
heureuses ; car on ne saurait nier qu'il existe dans

Phoque.

l'organisation des phoques et dans celle des chiens
de véritables analogies.

Parmi les espèces de ce groupe qui sont étrangères à nos mers, nous citerons le *phoque à trompe*, appelé aussi éléphant marin. Son nom rappelle que, chez le mâle, le nez se prolonge en une sorte de trompe molle, qui imite celle des tapirs, et jusqu'à un certain point celle des éléphants. Ces animaux fréquentent les rivages de l'Amérique australe, et atteignent jusqu'à 6 mètres 50, 8 mètres 11, et même 9 mètres 75. Ils vivent par troupes nombreuses, et se nourrissent, comme les autres phoques, de poissons et de mollusques pélagiens, dont ils détruisent une grande quantité.

MORSES

Le genre morse ne comprend qu'une seule espèce, dont la forme générale et la disposition des membres rappellent ce que l'on connaît des phoques ; mais qui se distingue aisément de ces animaux par les deux énormes canines sortant de la bouche que présente sa mâchoire supérieure, canines qui constituent deux véritables défenses. Le morse habite toutes les parties de la mer Glaciale, et atteint jusqu'à 6 mètres 50 de longueur. Les voyageurs le désignent souvent par le nom de vache marine, cheval marin, bête aux grandes dents, etc. Il paraît qu'il se nourrit de plantes aquatiques aussi bien que de substances animales. Ses mœurs sont à peu près les mêmes que celles des phoques ; il vit en troupes nombreuses, fréquente les côtes, et vient souvent à terre, où il est d'une capture facile ; mais il est dangereux d'attaquer les morses en pleine mer : car toute la troupe, assure-t-on, se réunit pour défendre celui qui est blessé, entoure l'embarcation d'où le trait est parti, et ne tarde pas à la chavirer, pour meurtrir à coups de dents les hommes qui la dirigent. On recherche le morse pour ses dents, dont l'ivoire, quoique grenu, est assez estimé ; pour sa peau, qui est employée par les carrossiers, et pour son huile, dont un seul individu peut souvent fournir une demi-tonne.

CHAPITRE III

MAMMIFÈRES ÉDENTÉS

Linné avait appelé ces animaux brutes (*brutæ*), dénomination que les naturalistes plus récents ont remplacée par celle d'*édentés*, quoique cette dernière, peut-être parce qu'elle est plus rigoureusement significative, soit beaucoup moins heureuse. Ces mammifères mériteraient, en effet, bien plutôt le nom de *mal dentés* que celui d'édentés ;

car, s'il en est parmi eux un petit nombre qui n'ont pas de dents du tout, il en est aussi qui ont un très-grand nombre de ces organes : tels sont, par exemple, certains tatous, qui n'ont pas moins de quatre-vingt-dix-huit dents ; mais chez tous, ces organes, lorsqu'ils existent, ont une forme et une disposition assez particulières. Aucun d'eux n'a de véritables incisives, quelques-uns seulement ont des canines ; et, comme nous l'avons vu, il en est, tels que les fourmiliers, qui n'ont pas même de molaires : c'est surtout à ces derniers que le mot d'édenté mérite davantage d'être imposé. Ces dispositions remarquables ne sont pas les seules qui caractérisent les mammifères du troisième ordre. Ces animaux offrent dans les autres points de leur organisation des particularités non moins remarquables ; et, envisagés dans leurs formes aussi bien que dans leurs mœurs et dans la nature de leurs téguments, ils ne manqueront pas d'attirer nécessairement l'attention des observateurs : on peut dire qu'ils sont caractérisés par leur bizarre apparence. Peut-être encore est-ce là ce qui a engagé certains auteurs à leur adjoindre quelques autres espèces non moins étranges qu'eux sous différents rapports ; mais qui appartiennent à d'autres ordres : tels sont les échidnés et les ornithorhynques, dont nous parlerons à la fin de ce petit traité, et es bradypes, dont il a été question précédemment.

Ainsi réduits, les édentés ou les brutes pourront être partagés en trois groupes assez distincts : ceux des *tatous*, des *fourmiliers* et des *pangolins*. La plupart sont des régions intertropicales ; les deux premiers sont du nouveau monde, et le troisième a des représentants en Afrique et en Asie.

§ Ier.

ÉDENTÉS TERRESTRES

LES TATOUS, *Dasypus*.

Le genre des tatous est remarquable par les caractères des espèces qu'il comprend, toutes ayant le corps, la tête et la queue protégés par des espèces de carapaces, ou boucliers, composées de poils agglutinés, et qui sont formées par un épaississement de leur peau. Sur le tronc, ces espèces de boucliers sont disposés par bandes transversales, afin de ne point empêcher les mouvements que l'animal doit exécuter. On ne trouve des tatous qu'en Amérique.

Ces mammifères, dont la taille est moyenne, ou même assez petite, puisque le plus souvent ils ne sont guère plus gros que des lapins, vivent, comme ces derniers, dans des trous qu'ils se creusent eux-mêmes au moyen des ongles énormes dont leurs membres antérieurs sont armés. Ce sont des êtres

assez lents, et dont la nourriture consiste principalement en fruits et en insectes. Les tatous ont
aussi dans leurs dents, assez semblables pour la
forme et la disposition à celles de certains dauphins, un caractère remarquable ; et, quoiqu'ils

Tatou.

appartiennent à l'ordre des édentés, il en est qui
possèdent, comme beaucoup de cétacés, un nombre
considérable de ces organes. On connaît aussi une
espèce de tatou qui présente des incisives, plusieurs dents étant insérées dans l'os incisif ou
intermaxillaire.

LES ORYCTÉROPES, *Orycterope.*

L'oryctérope, ou cochon de terre, est un animal du cap de Bonne-Espérance assez analogue aux tatous par ses mœurs et par le grand développement de ses ongles ; mais qui n'a pas la cuirasse de ces derniers, et chez lequel on ne compte que vingt-six dents toutes mâchelières. Ce quadrupède a le corps épais, et semble se rapprocher ainsi du cochon; de là le nom qui lui a été parfois appliqué. Il est couvert de soies d'un gris sale, un peu roussâtres sur les flancs et sous le ventre, et d'un brun obscur sur les pieds : il se creuse des terriers, dont il ne sort que la nuit, et recherche principalement, pour s'en nourrir, les fourmis et les termites, qu'il saisit au moyen de sa langue, longue et gluante.

LES FOURMILIERS, *Myrmecophaga.*

Ceux-ci habitent les parties chaudes de l'Amérique, et comprennent plusieurs espèces assez différentes entré elles par le port et la forme générale; mais qui ont généralement pour caractère d'être complétement dépourvues de dents.

TAMANOIR, *Myrmecophaga jubata.*

Cette espèce, du genre des fourmiliers, a le corps très-long et très-bas sur jambes ; sa tête est

fort mince, très-allongée et terminée par une très-
petite bouche ; ses pieds de devant ont quatre

Tamanoir.

doigts, et ceux de derrière cinq ; sa queue est
garnie de longs poils, et son pelage est brun avec

une bande oblique noire, bordée de blanc sur chaque épaule. Le tamanoir, que l'on trouve à la Guyane, au Brésil, au Pérou et au Paraguay, vit solitaire; il est lent et nocturne : c'est un animal très-bizarre par sa forme générale, et qui paraît être stupide. Comme les autres fourmiliers, il se nourrit principalement de fourmis, et c'est à l'aide de sa langue, allongée et visqueuse comme celle des oryctéropes, qu'il s'empare de ces insectes.

TAMANDUA, *Myrmecophaga tamandua.*

Ainsi que le précédent, il a été connu de Buffon; il se distingue par ses doigts au nombre de quatre antérieurement, et de cinq postérieurement; sa queue est presque ronde, et son pelage, rude, est d'une teinte triste et rembrunie; sa tête est cylindrique et allongée. Le *tamandua* présente les mêmes mœurs que le tamanoir; il vit à la Guyane et au Brésil principalement. Il répand une forte odeur de musc. On a distingué plusieurs variétés de *tamandua.*

FOURMILIER DIDACTYLE, *Myrmecophaga didactyla.*

Cette espèce, non moins curieuse par sa forme que ses congénères, est modifiée pour d'autres habitudes. Les précédentes vivent à terre, et c'est principalement dans les arbres que celle-ci doit passer son existence; sa taille est celle d'un rat de

la plus forte dimension ; ses pieds de devant n'ont
que deux doigts, ce qui l'a fait nommer didactyle ;
sa queue est prenante, c'est-à-dire susceptible de
saisir les corps, comme nous l'avons vu pour celle
de certains singes et des kinkajous. Cette particularité permet au fourmilier didactyle de grimper
aux arbres avec beaucoup plus d'aisance ; il y
passe, en effet, une partie de sa vie, faisant une
grande destruction de fourmis et d'autres insectes
qu'il ramasse avec sa langue. Ce quadrupède a le
poil assez long et généralement fauve : on le trouve
à la Guyane et au Brésil.

§ II

CÉTACÉS

Nous devons maintenant consacrer quelques
pages à faire un abrégé de l'histoire des cétacés.
Ces animaux, d'abord confondus dans une même
classe avec les poissons, quoique de tout temps on
ait reconnu leurs rapports avec les mammifères,
ont été, plus par habitude que par suite d'un véritable raisonnement, placés à la fin des mammifères ; il semblait que, parce qu'ils ne sont pas
quadrupèdes, et parce que leur forme rappelle
grossièrement celle des poissons, ils n'étaient pas
dignes de prendre parmi les mammifères le rang
auquel leur organisation semble les appeler. Disons

d'abord que, pour reconnaître un cétacé, il suffit de se rappeler que tout animal de ce groupe manque de pieds postérieurs, a le corps de forme ichthyoïde, c'est-à-dire semblable à celui d'un poisson ; que ses membres antérieurs manquent d'ongles et ressemblent à des nageoires ; que son corps est lisse et dépourvu de poils ; et, ce qui est plus caractéristique, que ses narines, placées différemment que celles des autres animaux, sont ouvertes au sommet de la tête, et reçoivent le nom d'évents. On ne doit pas laisser confondre avec les cétacés quelques animaux privés de membres de derrière, mais qui n'ont point les narines disposées en évents, et qui s'éloignent d'ailleurs des véritables cétacés par différents autres traits que nous signalerons en leur lieu.

Les naturalistes, même en rangeant les cétacés parmi les poissons, n'ont jamais ignoré par combien de caractères importants ces deux sortes d'animaux diffèrent entre eux ; mais le public, oubliant sans doute que les savants admettent sous le nom de poissons des êtres aussi dissemblables, par cela seul que les uns et les autres vivent dans l'eau et qu'ils sont privés de poils qui distinguent la plupart des vrais mammifères, a toujours eu des cétacés l'opinion qu'ils sont de vrais poissons. Il est cependant aussi facile de prouver que ces gigantesques habitants des mers sont vraiment des espèces de mammifères que de le démontrer pour

les lamantins ou prétendues sirènes, pour les
morses, pour les phoques, etc. Les poissons respirent au moyen de branchies, et l'eau est le seul
aliment de leur respiration ; ils sont ovipares, ils
n'ont point de mamelles, point de lait pour allai-
ter leurs petits ; leur peau, lisse ou écailleuse, n'est
jamais garnie de poils ; leur sang est froid, etc.,
tandis que les cétacés respirent l'air en nature et
par l'intermédiaire de véritables poumons ; aussi
sont-ils obligés de venir à la surface de l'eau toutes
les fois qu'ils ont besoin de faire une nouvelle ins-
piration ; ils ont des mamelles sécrétant un lait
assez abondant, et dont se nourrissent leurs petits,
déjà vivants comme ceux des autres mammifères,
lorsqu'ils viennent au monde ; leur sang est chaud
à la manière de celui des oiseaux et des autres
mammifères ; et leur peau, qu'elle soit nue ou
garnie de quelques poils, comme cela se voit chez
certains dauphins, n'est jamais recouverte d'é-
cailles, ni même comparable par sa structure à
celle des poissons à peau lisse. Ces animaux montrent d'ailleurs un instinct plus développé que
celui des poissons. Dans beaucoup de cas ils vivent
en troupes plus ou moins nombreuses, errant à la
surface des mers ou confinés dans les parages de
quelque côte déserte, ou au sein de quelque archipel. Tous nagent avec une extrême facilité ;
beaucoup d'entre eux le font même avec élégance.
Les dauphins se plaisent à suivre les navires, à la

manière des requins ; ils se jouent avec grâce autour des bâtiments, et leur course rapide, les mille détours qu'ils ne cessent d'exécuter, sont souvent, au milieu des longues traversées, un spectacle dans la contemplation duquel se plaisent les marins, et qui leur fait oublier pendant quelques heures la vaste solitude qui les entoure.

Tous les vrais cétacés méritent le nom de souffleurs ; car ils sont tous pourvus d'évents. Leur nourriture consiste en petits animaux pélagiens (mollusques, zoophytes, crustacés, etc.) ; ils avalent, en même temps que ces petits êtres, de très-grands volumes d'eau dont il fallait qu'ils pussent se débarrasser, puisque c'est l'air et non l'eau qu'ils respirent, et que d'ailleurs ils n'ont pas d'ouïes comme les poissons. Cette eau s'arrête dans leur bouche, et la contraction de cet organe la refoulant vers les narines, qui forment un canal ouvert dans les évents sur le sommet de la tête, elle s'échappe par cette ouverture. C'est ainsi que les cétacés, les plus volumineux surtout, produisent ces jets d'eau qui les font remarquer à la surface des mers. Leurs narines, sans cesse traversées par des flots d'eau salée, ne pouvaient être tapissées d'une membrane assez délicate pour percevoir les odeurs ; aussi manquent-ils véritablement du sens de l'odorat.

LES DAUPHINS, *Delphinus.*

Le genre de ces animaux, tel que l'ont admis
les anciens auteurs, comprend un très - grand
nombre d'espèces propres à toutes les mers et à
toutes les latitudes, et qui se reconnaissent à leur
corps à peu près en fuseau, à leur tête tantôt
obtuse, tantôt allongée, mais qui n'est pas plus
grosse que leur corps. Les dauphins ont généralement des dents aux deux mâchoires, et chez quelques espèces ces dents sont très - nombreuses. Si
l'on admet qu'ils sont du même degré d'organisation que les tatous et les oryctéropes, et qu'ils représentent ces derniers au sein des eaux, il faudra
nécessairement donner à l'ordre qui les comprend
un autre nom que celui d'édentés, puisqu'en réalité ce sera parmi eux que se trouveront rangées
les espèces qui ont le plus de dents. Mais une
chose remarquable, et qui fait voir combien serait
préférable la dénomination de *mal dentés*, dont
on a parfois essayé de se servir, c'est qu'ici comme
chez les édentés terrestres, on voit à côté d'espèces
à dents très - nombreuses des animaux évidemment de la même famille qui cependant n'ont que
fort peu ou même point du tout de dents. Chez
ceux qui en ont beaucoup, comme chez ceux qui
n'en présentent qu'un petit nombre, ces organes

sont toujours remarquables par leur forme assez singulière.

Les dauphins qui se trouvent le plus souvent sur nos côtes sont le dauphin ordinaire, *delphinus delphis*, et le marsouin, *delphinus phocœna*. Le second diffère surtout du premier par son museau beaucoup plus raccourci. Ces animaux fréquentent de préférence les embouchures des fleuves, et souvent ils en remontent le cours jusqu'à une certaine hauteur, sans que le changement d'eau douce ou d'eau salée 'ait sur eux aucune influence fâcheuse. Mais c'est à la mer, comme tous les autres dauphins, qu'ils passent la plus grande partie de leur vie et qu'ils se tiennent de préférence. On doit faire remarquer cependant qu'il existe dans une des contrées de l'Amérique du Sud, la Bolivie, une espèce de famille des dauphins qui est tout à fait fluviatile. Les habitants de plusieurs provinces la connaissent sous le nom d'*inia.*.

C'est au même genre ou plutôt à la même famille qu'appartient le *narwhal*, dont le système dentaire est si singulier. Ce mammifère, rare dans les collections, et dont on ne possède pas même le squelette en France, est surtout remarquable par l'énorme dent qui sort de sa bouche, et qui, implantée dans sa mâchoire supérieure, ressemble plutôt à une grande corne qu'à une véritable dent. Dans le jeune âge il existe deux de ces dents;

mais l'une d'elles ne tarde pas à s'arrêter dans son développement, tandis que l'autre (ordinairement celle de gauche) s'avance en ligne droite, et constitue un énorme stylet, arrondi, pointu, en général sillonné en spirale, et qui n'atteint pas moins du tiers, ou même de la moitié de la longueur totale du corps de l'animal. On voit de ces dents qui ont jusqu'à 3 mètres 25 centimètres de long. Les narwhals nagent avec une grande vitesse, et ils comptent parmi les ennemis les plus redoutables des baleines. Réunis en troupes nombreuses, ils attaquent souvent ces gigantesques cétacés, et leur font avec leurs défenses de cruelles blessures. Les pêcheurs de la mer du Nord prennent fréquemment des narwhals, et ils les recherchent à cause de la bonne qualité de leur huile.

LES BALEINES

Le genre baleine (*balœna*), à côté duquel on doit citer ceux des cachalots et des physétères, commence la série des cétacés à grosse tête, ou macrocéphales. Ces animaux, qui sont les plus volumineux de tous ceux que l'on connaît, doivent l'énorme développement de leur tête non pas au cerveau ni au crâne, qui conservent les mêmes proportions que chez les dauphins; mais aux os de la face, dont les dimensions sont énormes. Les caractères distinctifs des baleines sont principalement tirés des espèces de lames allongées qui remplacent les dents à leur mâchoire supérieure, et qu'on appelle *fanons*. Ces lamelles, qu'on exploite dans le commerce sous le nom de *baleines*, sont disposées en série de chaque côté de la bouche, et représentent d'énormes peignes, à travers lesquels l'eau engloutie dans la gueule immense de ces mammifères s'échappe en partie après avoir abandonné les petits animaux qu'elle renfermait, et qui sont la pâture des grands cétacés dont il s'agit. Les espèces de ce genre n'ont point de dents aux mâchoires : leur tête, assez grosse, ne l'est pas autant que celle des cachalots ; les véritables baleines sont celles chez lesquelles il n'existe point de nageoire dorsale.

L'espèce la plus célèbre est la baleine franche, *balœna mysticetus*, qui était autrefois beaucoup plus fréquente, même dans nos parages, qu'elle ne l'est aujourd'hui. Le nombre considérable des animaux de cette espèce qu'on a détruits n'a pas été sans influence sur leur multiplication : les baleines sont devenues plus timides ; elles se sont éloignées de plus en plus vers le nord, et leur chasse présente chaque jour de nouvelles difficultés ; on assure que les individus de 36 et même de 32 mètres, comme il n'est pas douteux qu'il en existe, sont devenus extrêmement rares. La taille des plus belles baleines que se procurent d'ordinaire les pêcheurs est de 19 à 23 mètres environ.

On a calculé que le poids d'un individu de ces dimensions est de près de 33 milliers métriques, et
équivaut presque à celui de trois cents bœufs. On
ignore la durée de la vie de ces animaux ; celle de
leur gestation paraît être de neuf à dix mois ; leurs
petits naissent en février ou en mars, et, en venant
au monde, ils ont 4 mètres 20 centimètres à 4 mètres 50 centimètres de longueur. La baleine ne produit qu'un seul baleineau à la fois, et elle lui porte
la plus tendre affection ; souvent on la voit le soutenir sur ses nageoires ; lorsqu'il est attaqué par
les pêcheurs, elle le défend avec courage, et se
laisse prendre elle-même en essayant de le sauver
plutôt que de l'abandonner. La force de ces animaux est proportionnée à leurs dimensions : d'un
seul coup de queue, ils peuvent lancer en l'air une
chaloupe chargée d'hommes ; et, lorsqu'ils sont
percés par le harpon, ils plongent avec tant de violence, que si la corde fixée à cet instrument s'ac-
croche au bateau des pêcheurs, le cétacé l'entraîne
avec lui au fond de la mer.

Quelques animaux voisins des baleines, et qu'on
peut considérer comme du même genre, sont les
baleinoptères ; ils diffèrent seulement par la présence d'une nageoire dorsale. On en distingue plusieurs espèces, dont une est à la fois de l'Océan et
de la Méditerranée.

Certains autres, qu'on appelle baleinoptères ror-
quals, sont remarquables par les rides qui sillon-

nent leur poitrine, et qui permettent une grande dilatation à cette partie.

Cachalot.

C'est aussi à la famille des baleines qu'appartiennent les cachalots. Ceux-ci se distinguent prin-

cipalement par l'existence d'une rangée de dents
cylindriques ou coniques de chaque côté de leur
mâchoire inférieure, qui est étroite, allongée, et
répond à un sillon de la mâchoire supérieure.
Celle-ci manque de dents, ou n'en présente que de
très-petites; elle n'a pas non plus de fanons, ce
qui différencie tout d'abord les cachalots des baleines. La tête de ces cétacés est énorme, et excessivement renflée en avant : tout le dessus de la
surface du crâne a la forme d'un vaste bassin
ovalaire, dont les bords s'élèvent en arrière à
2 mètres au-dessus du crâne, et s'abaissent gra-
duellement en avant; ce vaste espace est divisé
en deux étages par une cloison membraneuse, et
chacune des chambres qu'il circonscrit est rem-
plie d'*adipocire*, espèce d'huile qui se fige par le
refroidissement, et qui est connue dans le commerce sous le nom de *spermaceti* ou *blanc de baleine :* ces espèces de réservoirs communiquent
avec des canaux qui se distribuent dans différentes
parties du corps, s'entrelacent dans le tissu grais-
seux sous-cutané, et contiennent également de
l'adipocire; aussi, dans les cachalots nouvellement
morts, voit-on le réservoir supérieur de la tête se
remplir à mesure qu'on le vide. Le canal de l'évent
traverse obliquement cette masse d'adipocire, et
s'ouvre un peu à gauche, près du bord supérieur
du mufle, qui termine en avant la tête du cachalot. Les jets d'eau qui en sortent sont dirigés obli-

quement en avant, et ressemblent à une gerbe de pluie ; ils sont plus élevés et plus fréquents que dans les baleines, et sont accompagnés d'un bruit qui s'entend de très-loin. La couche de lard étendue sous la peau est moins épaisse, et fournit moins d'huile que chez la baleine. La substance odorante, si connue sous le nom d'*ambre gris*, et que l'on rencontre quelquefois flottant à la surface de la mer, paraît être une concrétion morbide qui se forme dans l'intestin de ces animaux.

Les cachalots habitent de préférence la partie équatoriale du grand Océan et de l'Atlantique : on les rencontre par bandes assez nombreuses. Ils paraissent se nourrir principalement de mollusques ; mais on assure qu'ils n'épargnent pas non plus les plus gros poissons, et ils sont pour tous les habitants des mers un objet d'épouvante.

CHAPITRE IV

ORDRE DES RONGEURS

Les rongeurs, que Linnée comprenait dans sa méthode sous le nom de *glires*, forment le quatrième ordre de la classe des mammifères ; ils sont de mœurs douces et même timides, de taille souvent au-dessous de la moyenne, et sont variés en espèces. Ces animaux, dont on rencontre des représentants sur tous les points du globe terrestre, sont les rats, les écureuils, les lapins, les oabiais, dont une variété domestique porte le nom de cochons d'Inde, les castors, etc. Tous sont faciles à reconnaître à leurs doigts armés d'ongles plus ou moins propres à fouir, et à leurs dents, qui ne sont jamais que de deux sortes, les unes incisives, les autres molaires. Les incisives sont séparées des molaires par un espace vide semblable à celui que dans le cheval on nomme la barre, et celles-ci, dont le nombre varie de trois à cinq, ou rarement six, sont de forme différente, suivant les diverses espèces.

Le nom de rongeur vient à ces mammifères de la manière dont ils coupent leurs aliments par un travail continu, comme s'ils les limaient : ils peuvent aussi ronger les matières les plus dures, et l'on voit beaucoup d'entre eux se nourrir de bois ou d'écorce. Les végétaux frais leur sont également agréables; mais ils ne mangent de viande que lorsqu'ils y sont contraints par le besoin. Leurs intestins, comme ceux de tous les animaux à régime végétal, sont fort longs; leur estomac est simple, ou peu divisé, et leur cœcum est souvent très-volumineux, et d'une étendue plus grande que l'estomac lui-même. Dans tous le cerveau est presque lisse et sans circonvolutions ; les yeux se dirigent tout à fait de côté : aussi remarque-t-on qu'en approchant de certains rongeurs, si l'on reste toujours vis-à-vis d'eux, on peut arriver jusqu'à les toucher sans être vu.

Bien que très-nombreux en espèces, les rongeurs peuvent être classés très-naturellement. On les distribue en quatre familles : les écureuils ou sciuriens, qui sont agiles et grimpeurs ; les rats ou fouisseurs ; les lièvres ou sauteurs ; et les cabiais ou caviens, qu'on pourrait appeler marcheurs : car ce sont, de tous, ceux qui ont les allures les plus lourdes.

§ Ier

RONGEURS SCIURIENS

Les écureuils, en latin *sciurus*, ont donné leur nom à cette famille, dont ils sont les animaux les plus connus. On doit leur adjoindre les loirs, dont les habitudes sont peu différentes, et les marmottes, qui sont plutôt des animaux de montagnes et des espèces destinées à fouir, mais dont l'organisation n'est pas différente de celle des autres sciuriens. Tous font partie des rongeurs pourvus de clavicules, et ils présentent dans leur dentition des particularités caractéristiques : on les reconnaît à leurs incisives inférieures très-comprimées, et à leurs mâchelières tuberculeuses, au nombre de quatre à la mâchoire inférieure, et de cinq, dont une très-petite, à la supérieure ; leur tête est large, les yeux sont saillants ; leurs mouvements sont pleins de vivacité, et leurs formes générales fort gracieuses.

LES ÉCUREUILS, *Sciurus*.

Le genre des écureuils est reconnaissable à la queue longue et bien garnie des espèces fort variées qu'il comprend. Celles-ci vivent dans les forêts, et se construisent sur les arbres de petits nids dans lesquels ils élèvent leurs petits. Il n'existe en Europe qu'une seule espèce d'écureuil proprement dit ; mais l'Asie, l'Afrique et l'Amérique, et principalement l'Amérique septentrionale, en nourrissent un grand nombre. Plusieurs de ces animaux sont remarquables par la richesse de leur fourrure.

ÉCUREUIL D'EUROPE, *Sciurus vulgaris*.

Ce joli quadrupède a le dos d'un roux plus ou moins vif et passant quelquefois au brun ; son ventre est plus clair ; sa queue prend la forme d'un élégant panache, et ses oreilles sont surmontées d'un joli bouquet de poils. Commun dans la plupart de nos forêts, l'écureuil se fait remarquer par la vivacité de ses mouvements ; on le tient souvent captif, et alors il ne perd rien de ses charmantes dispositions. Dans certains cas, il varie de couleur, soit pour passer au brun noirâtre, soit pour devenir plus ou moins grisâtre ; les fourrures connues sous le nom de *petit-gris* sont celles d'une variété de cette espèce que produisent les régions septentrionales.

C'est dans la Laponie, la Russie, la Sibérie, que les écureuils petit-gris existent en plus grande abondance ; et ils y sont l'objet d'une exportation importante ; on assure que chaque année on tire de la Russie plus de deux millions de peaux de petit-gris.

Parmi d'autres espèces non moins intéressantes d'écureuils, on doit surtout remarquer celles qu'on nomme polatouches ou écureuils volants. Plus agiles encore que leurs congénères, celles-ci sont aidées dans la rapidité de leurs mouvements par des membranes particulières, expansions de la peau des flancs, qui s'étendent entre leurs membres, et qui leur donnent la faculté de se soutenir quelques instants en l'air, et de tripler la longueur de leurs bonds. Une d'elles, la polatouche (*sciurus volucella*), habite le nord de l'Amérique, et une autre vit dans une partie de l'Europe, en Pologne et en Russie principalement ; c'est l'écureuil volant (*sciurus volans*) ; sa couleur est gris cendré en dessus, et blanche en dessous, et sa taille égale celle d'un rat.

Parmi les écureuils étrangers, il en est plusieurs qui sont plus gros que notre espèce d'Europe.

Quelques-uns ont même trois ou quatre fois sa longueur. Certaines différences plus ou moins importantes ont permis aux naturalistes de les distinguer en plusieurs sections ; la forme de la queue de ces animaux est celle des parties qui présente les meilleures formes caractéristiques. Abondamment pourvu de poils disposés sur deux séries, comme les barbes d'une plume (queue distique), cet organe n'en offre d'autres fois qu'une moindre quantité, et chez certaines espèces les poils sont courts et disposés comme chez les autres animaux : alors la queue est ronde et déprimée, mais elle n'est plus distique ; dans ce dernier cas, les oreilles manquent souvent du bouquet de poils qu'elles ont chez l'écureuil ordinaire. Les espèces de cette catégorie sont les plus semblables aux marmottes.

LES MARMOTTES, *Arctomys*.

Leur nom scientifique a pour racines deux mots grecs, dont l'un, *arctos*, signifie ours, et l'autre, *mus*, que nous retrouvons comme un des composants de beaucoup d'autres dénominations imposées aux rongeurs, est le nom grec des rats. Les marmottes ont les dents des écureuils ; mais elles n'ont pas les formes déliées de ces animeux : elles sont plus lourdes, et, sous ce rapport, elles ont pu, jusqu'à un certain point, être comparées à des ours ; leur queue, toujours velue, n'est jamais distincte, et elle est ordinairement de moyenne grandeur, ou même tout à fait courte. On a découvert, en Asie et dans l'Amérique septentrionale, plusieurs espèces de marmottes; et une espèce de ce genre habite l'Europe, et se trouve surtout dans les grandes chaînes de montagnes. La marmotte d'Europe n'est pas rare dans certaines parties de la France; et elle est connue à peu près partout, car elle est un des animaux que les petits Savoyards qui mendient de ville en ville mènent le plus souvent avec eux. Un peu moins grande que le lapin, la marmotte est d'un gris roussâtre sur les parties supérieures, avec un peu de cendré vers la tête. Tout le monde a entendu parler de son engourdissement hivernal. La peau des animaux de cette espèce est employée comme fourrure de bas prix; et leur chair est recherchée comme nourriture par les montagnards de quelques parties des Alpes.

LES LOIRS, *Myoxus.*

A la fin de la famille des sciuriens, et comme les plus voisins des muriens ou rats, se rangent les loirs, dont notre pays possède trois espèces, le loir proprement dit, le lérot et le muscardin. Ces animaux, plus petits que les écureuils, ont de commun avec ces derniers plusieurs traits de leurs mœurs, et la plupart des points de leur organisme; ils ont leur forme générale et leur queue plus ou

moins distique; mais leurs dents molaires, qui sont
également tuberculeuses, sont au nombre de quatre
seulement à chaque mâchoire; ils ont en tout vingt
dents au lieu de vingt-deux.

LOIR ORDINAIRE, *Myoxus glis.*

Il est intermédiaire pour la taille au rat ordinaire et au surmulot; brun cendré en dessus, il
est blanc sur les parties inférieures, et présente
autour de l'œil une tache foncée. Le loir habite le
midi de l'Europe, et n'est pas rare dans la France
méridionale. On le trouve aussi fréquemment en
Italie, et c'est lui que les Romains recherchaient
avec tant de soin, à cause de l'excellent goût qu'ils
trouvaient à sa chair. Il était à cette époque, pour
les peuples d'Italie, un mets très-estimé. On élevait
une grande quantité de ces animaux dans des tonnes
ou dans des parcs, comme nous nourrissons des
lapins. Les loirs sont du nombre des animaux hi-
vernants, c'est-à-dire que, comme les chauves-
souris, les marmottes, etc., ils passent l'hiver dans
un état de somnolence. Ils sont très-gras lorsqu'ils
tombent en léthargie; mais leur embonpoint les a
presque complétement abandonnés lorsqu'ils en
sortent. C'est en automne, avant l'hivernation par
conséquent, qu'on les prenait pour les manger, et
c'est ce que font encore aujourd'hui quelques peuplades d'Italie, qui ont conservé l'usage de leurs an-
cêtres; mais, de notre temps, les loirs ne sont point

un objet de gourmandise ; car c'est seulement dans les villages les plus malheureux qu'on s'en nourrit.

LÉROT, *Myoxus nitela.*

Celui-ci semble être à l'espèce du loir ce qu'est la fouine par rapport à la marte, ou la souris relativement au mulot. Au lieu de vivre dans les bois comme les loirs, etc., il préfère, comme la fouine et la souris, les lieux habités par l'homme ; et, comme il se nourrit de fruits, c'est dans les vergers, dans les jardins, etc., qu'il se tient de préférence. Il est un peu plus petit que le loir ; sa longueur est d'environ 95 millimètres depuis l'occiput jusqu'à l'origine de la queue, et cette dernière partie mesure 108 millimètres. Le lérot est grisâtre en dessus, et, ce qui le distingue principalement, une grande tache noire naît vers ses moustaches, remonte vers son œil, qu'elle embrasse, passe au bas de l'oreille pour venir se terminer sur les côtés du cou ; une autre tache noire, mais très-petite, se voit sur chaque côté de son front, et se trouve séparée de la grande par une autre, qui est blanche.

Le lérot se nourrit de fruits, et loge dans les trous des murs contre lesquels sont appuyés des espaliers ; à mesure que les fruits mûrissent, il les entame, et il occasionne par ce moyen des dégâts qui le font redouter des cultivateurs. On le trouve dans toute l'Europe tempérée, et il s'avance beaucoup plus au nord que le loir.

MUSCARDIN, *Myoxus muscardinus.*

C'est la troisième et dernière des espèces qui vivent en France, et l'on peut même dire dans l'Europe continentale ; car le *myoxus dryas*, que l'on a indiqué dans les régions orientales de cette partie du monde et dans la Perse, ne diffère probablement pas du loir. Le muscardin est plus petit que les deux précédents, et son pelage est de couleur fauve roussâtre.

Un autre animal du même genre s'observe en Sicile, et l'on trouve aussi des loirs en Afrique.

§ II

RONGEURS MURIÉNS

Le rat, en latin *mus* (génitif *muris*), a donné son nom à la nombreuse famille des muriens. Les animaux qui s'y rangent avec lui rappellent plus ou moins sa forme et ses habitudes, et la plupart ne diffèrent que fort peu de lui par la taille ; mais plusieurs rongeurs muriens acquièrent des dimensions assez grandes : nous citerons parmi ces derniers les castors, les porcs-épics, et même les capromys.

LES HYDROMYS

Les hydromys, dont le nom veut dire rats d'eau, ont quelque chose des sciuriens dans la disposition de leurs dents. Ce sont des animaux fort remarquables par leur patrie. Parmi tous les animaux que nous avons étudiés jusqu'ici, un seul, la roussette à tête grise, a été propre à la Nouvelle-Hollande ; aucun autre carnassier, aucun quadrumane n'habite cette contrée, que nous verrons peuplée par les didelphes et les ornithodelphes, deux groupes très-remarquables de la classe des animaux à mamelles. Les autres ordres des mammifères ordinaires, ruminants, gravigrades ou pachydermes, n'ont pas non plus de représentants au continent australien ; mais les rongeurs, de même que les roussettes, font exception. Les espèces neu-hollandaises de l'ordre des rongeurs les premières connues sont les hydromys, qui vivent à la Terre-de-Diemen et dans la Nouvelle-Galles du Sud. On a depuis rapporté des mêmes régions deux autres animaux de la même famille, l'un voisin du chinchilla (*hapalotis*), et l'autre des rats proprement dits (*pseudomys*).

Ce groupe des hydromys est composé de deux espèces : l'une est l'hydromys à ventre blanc, et l'autre l'hydromys à ventre jaune.

LES RATS, *Mus.*

Le genre des rats est beaucoup plus nombreux que celui des écureuils, et les migrations de certaines espèces qu'il comprend méritent d'être si-

gnalées. Certaines d'entre elles, parasites au milieu
de nos demeures, nous ont, en effet, suivis presque
partout, et l'époque de l'arrivée de plusieurs de
leurs colonies, qui est parfaitement connue, ne
remonte pas à une date fort ancienne. La souris
était la seule espèce de rat domestique qui vécût
en Europe du temps des Romains; ce n'est que
plus récemment que le rat noir et le surmulot s'y
sont établis. Depuis, les relations maritimes des
Européens avec la plupart des peuples de la terre
les ont répandus sur beaucoup d'autres points, et
dans la plupart des ports marchands de l'Afrique,
de l'Amérique et même de la Nouvelle-Hollande,
ils sont aujourd'hui fort nombreux. Les autres
espèces du même genre qui ont continué de vivre
éloignées de l'homme sont très-variées; on les
nomme principalement mulots, et l'on en connaît
en France trois espèces. Parmi les rats exotiques,
il en est plusieurs qui présentent des dispositions
de couleurs assez curieuses, ou qui sont remarquables par leurs dimensions. Parmi ces derniers
est le pilori des Antilles, qui est supérieur en
taille au surmulot; quelques-uns de l'Inde sont
aussi dans ce cas; les premiers ont souvent leur
robe marquée de bandes longitudinales de différentes couleurs, et en nombre variable. Nous citerons parmi eux le rat de Barbarie, commun
à Alger, Bone et Oran, où il vit dans les champs, et
qui a le dos marqué de huit ou neuf de ces lignes.

RAT SURMULOT , *Mus decumanus.*

C'est le plus grand de ceux qui vivent chez nous;
il est de moitié supérieur au rat noir. On voit des
surmulots qui ont 21 à 25 centimètres depuis le

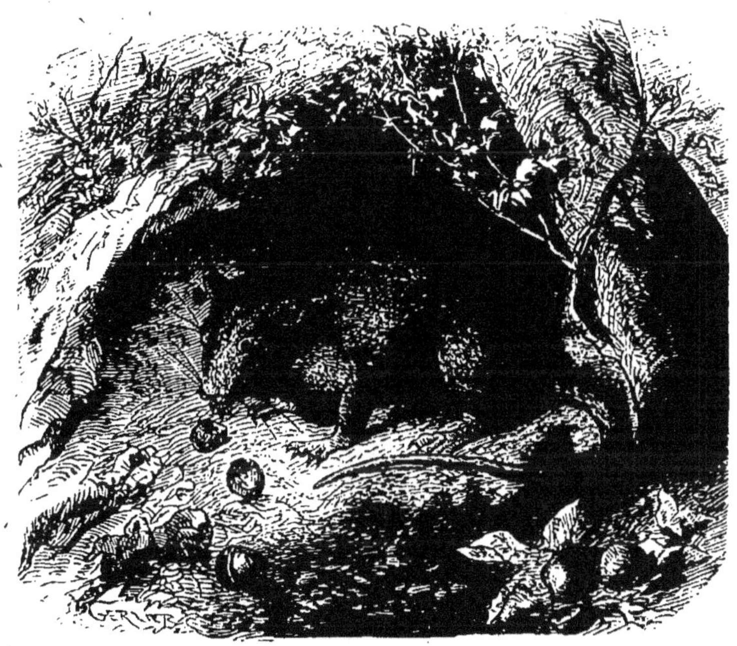

Rat surmulot.

bord du museau jusqu'à la queue, et dont la tête
seule n'a pas moins de 6 centimètres. Cet animal
n'épargne aucun travail pour se procurer sa subsistance; il perce les murailles, soulève les pavés,
et, comme il est très - commun et qu'il multiplie
avec une extrême rapidité, il n'est pas rare de voir
des troupes de son espèce envahir, pour ainsi dire,

les magasins, et y occasionner d'irréparables dommages. Les surmulots se nourrissent à peu près indifféremment de substances végétales et animales : de graines, de racines, de viandes, etc.

Les surmulots sont originaires d'Asie; c'est des contrées méridionales de l'Inde et de la Perse qu'ils sont venus en Europe. Il paraît que c'est en Angleterre que le surmolot s'est d'abord montré, et qu'il y existait déjà vers l'année 1730. Sa présence n'a été signalée en France qu'en 1750, et, en 1776, il n'était pas encore parvenu en Russie ni en Sibérie; mais, peu de temps après, on l'a vu arriver de l'Occident sur les bords du Volga. C'est depuis qu'il a été transporté en Amérique et dans les autres contrées habitées par les Européens.

RAT NOIR; *Mus rattus.*

On l'appelle aussi rat domestique, parce qu'il est celui qu'on trouve le plus fréquemment dans les habitations; sa taille, moindre que celle du surmulot, lui permet de s'y introduire plus aisément que ce dernier. De même que lui, il était inconnu aux anciens, mais il a existé en Europe avant le surmulot; c'est vers le moyen âge qu'il s'y est introduit. On ne sait pas d'une manière précise de quel lieu il est originaire. La longueur totale de son corps est de 19 centimètres environ, et sa queue est à peu près de la même grandeur. Il est ordinairement d'un cendré noirâtre. Le surmulot l'a détruit dans plusieurs localités, où il l'a rendu fort rare ; mais il faut avouer que nous avons été loin de gagner à ce change.

SOURIS, *Mus musculus*.

La souris est, au contraire, native d'Europe, et, quoique plus petite que les précédents, elle est aussi incommode dans beaucoup de cas, à cause de sa fréquence et de son goût pour le linge, les livres et tant d'autres substances. Maintenant elle vit non-seulement dans les habitations européennes, mais aussi dans beaucoup d'autres contrées, où le commerce l'a transportée. Cette espèce est trop connue pour que nous en donnions la description.

On sait qu'elle varie assez fréquemment, et qu'il n'est pas rare de trouver des souris entièrement blanches.

LES GERBOISES, *Dipus*.

Les gerboises se rapprochent des rats par la forme de leurs dents molaires ; mais elles ont la queue plus fournie que celle de ces animaux, et souvent terminée par un flocon de poils ; leurs membres sont d'ailleurs beaucoup plus longs, surtout les postérieurs ; aussi les gerboises sont-elles très-agiles à la course. Elles progressent par bonds, et vivent pour la plupart dans les contrées désertes des parties les plus chaudes. L'Afrique et l'Asie possèdent un nombre assez considérable de ces mammifères. Les véritables gerboises présentent une autre particularité que celle de la longueur de

Gerboise.

leurs membres postérieurs : leurs doigts, au nombre de trois, quatre ou même cinq à cette partie, sont supportés, comme chez les oiseaux, par un seul os du métatarse. L'espèce la plus commune de ce genre est le *gerboa*, qui est de la taille d'un rat, et n'a que trois doigts aux membres inférieurs. On rencontre ce rongeur depuis la Barbarie jusque dans la mer Caspienne.

Les gerbilles (*gerbillus*), qui sont voisines des gerboises, n'ont pas comme elles le métatarse composé d'un seul os, et leur système dentaire est encore plus voisin de celui des rats ordinaires; elles sont de même propres aux régions chaudes de l'ancien continent. Les espèces américaines du même groupe ont reçu le nom de *mérions*, que portent aussi quelques oiseaux de l'ordre des passereaux.

LES HAMSTERS, *Lemmus.*

Ils ont la queue courte et velue, comme les campagnols; leurs molaires, au nombre de trois de chaque côté, sont bordées d'un repli d'émail, et leurs joues sont extensibles. L'espèce type de ce genre, que l'on nomme quelquefois marmotte d'Allemagne, est commune depuis le Rhin jusqu'en Sibérie, et se rencontre quelquefois en Alsace. Son corps est long d'environ 21 centimètres, et son pelage, gris-rougeâtre en dessus, est noir en dessous, avec des taches de chaque côté sous la gorge. Le hamster vit solitaire, et se nourrit de racines et de céréales farineuses qu'il vient chercher dans les terres cultivées; il peut manger aussi de la chair, et, lorsque la faim le presse, il n'épargne pas même sa propre espèce. C'est un des mammifères les plus nuisibles à l'agriculture, à cause de la quantité de grains qu'il amasse dans son terrier.

Sa demeure a toujours une double issue : l'une, oblique, sert à rejeter au dehors les déblais de la terre ; l'autre, perpendiculaire, est la voie par laquelle l'animal entre et sort. Ces galeries conduisent à un certain nombre d'excavations circulaires qui communiquent ensemble par des conduits horizontaux. L'une de ces galeries, garnie d'un lit d'herbes sèches, est la demeure du hamster ; les autres sont destinées à lui servir de magasins pour les provisions qu'il y transporte au moyen des poches de ses joues.

LES CAMPAGNOLS

Les campagnols ne diffèrent que très-peu des hamsters, dont ils ont le système dentaire, et ne paraissent pas devoir en être séparés génériquement. Ce sont des rongeurs de taille ordinairement petite, à pelage peu varié, et qui vivent dans les champs (d'où leur nom de campagnols), et quelquefois aussi dans les bois ou sur le bord des eaux ; on en rencontre dans plusieurs parties de l'Amérique septentrionale, en Asie, en Europe, et même en Afrique. Les cténodactyles, parmi lesquels on ne compte qu'une seule espèce de Barbarie, devront sans doute leur être réunis. Les molaires des campagnols sont au nombre de six à chaque mâchoire, trois de chaque côté, et la bordure d'émail qu'elle présente y forme des replis en zigzag. Ces animaux, dont différentes espèces vivent en France, dans les bois et dans les champs, ont le port extérieur des rats et leur taille; mais ils en diffèrent par leur queue, ordinairement plus courte, et toujours poilue, au lieu d'être écailleuse. Plusieurs d'entre eux se multiplient avec une effrayante rapidité, et sont la cause de nombreux dégâts.

CAMPAGNOL RAT D'EAU, *Lemmus amphibius.*

Buffon en a parlé sous le nom de *rat d'eau*, qu'on lui donne assez fréquemment. Il a la queue plus longue que la moitié du corps, grise, assez velue, les oreilles plus courtes que le poil qui les entoure, et le pelage d'un gris noirâtre terreux, qui se rapproche plus ou moins du grisâtre en dessus, et du gris clair en dessous; ses dents incisives sont d'un jaune foncé, et le pouce des pieds de devant est presque nul. La longueur du rat d'eau est de 149 millimètres pour le corps, et de 90 millimètres pour la queue. Les jeunes sujets sont d'un gris terreux, plus clair que celui des adultes, et presque uniforme.

CAMPAGNOL DES CHAMPS, *Lemmus arvalis.*

Il est commun dans les campagnes de toute l'Europe, et devient souvent un véritable fléau par son extrême multiplication. Un peu avant la moisson, les campagnols de cette espèce coupent la tige des céréales pour en faire tomber l'épi ; cette nourriture venant ensuite à leur manquer, ils dévorent les jeunes trèfles, et, à l'approche de l'automne, ils recherchent, surtout dans nos provinces du Nord, les champs de carottes, qu'ils dévastent ; puis, lorsque l'hiver commence, ils se réfugient en grand nombre dans les meules de blé. Quelquefois ils sont rares, ce qui arrive surtout pendant les étés trop secs ; d'autres fois, au contraire, ils sont nombreux à l'excès.

On a essayé plusieurs moyens pour les détruire. Une excellente pratique pour plusieurs fermiers consiste à former dans les campagnes, au moyen d'une tarière en fer, un grand nombre de trous ronds d'un décimètre de diamètre sur trois de profondeur ; les campagnols y tombent, et ne peuvent en sortir : on fait la ronde une fois par jour pour les tuer, et réparer les brèches qu'ils ont pu faire. Ce moyen permet de prendre encore différentes autres espèces de petits mammifères.

Ces animaux ont 131 millimètres environ de longueur totale, y compris la queue, qui a 29 millimètres seulement ; leur pelage est d'un jaunâtre plus ou moins gris en dessus, et blanc ou blanchâtre en dessous ; les oreilles sont plus grandes que le poil.

CAMPAGNOL FAUVE, *Arvicola fulvus.*

C'est une espèce assez voisine de la précédente,
et qu'on a indiquée dans plusieurs localités de la
France, ainsi qu'en Belgique; ses oreilles sont
plus petites que celles du campagnol des champs,
et sa queue atteint à peine le tiers de la longueur
du corps, qui lui-même a 86 millimètres. Ce
petit animal se creuse des galeries au bord des
ruisseaux.

On distingue encore plusieurs espèces de ce
genre, parmi lesquelles nous signalerons le campagnol économe (*lemmus œconomus*), qui est plus
spécialement de Russie et de Sibérie, mais que
l'on observe quelquefois en Allemagne, en Suisse,
et même en France; il recherche les champs de
pommes de terre, et se fait remarquer par l'art
avec lequel il construit sa demeure, par les magasins nombreux qu'il destine à sa réserve, et par les
voyages lointains qu'il entreprend fréquemment,
traversant par troupes innombrables diverses parties du nord de l'Asie et de l'est de l'Europe.

LES CHINCHILLAS ET LES VISCACHES

Jusque dans ces derniers temps, l'histoire des
chinchillas et celle de la viscache, qui n'en diffère
que sous quelques rapports peu importants, ont
été fort peu connues; on peut dire qu'on les a

presque entièrement ignorées ; et, quoique les dépouilles de ces animaux arrivassent tous les ans par milliers en Europe, on avait sur leur organisation et leurs mœurs des données si vagues, que c'est à peine si on connaissait à quel ordre ils devaient être rapportés. On se décida néanmoins à les placer parmi les rongeurs ; mais, quand on voulut déterminer quel rang ils devaient prendre dans la série de ces mammifères, on ne put y parvenir, et on commit une foule d'erreurs : c'est ainsi qu'on les prit successivement pour des rats, des gerboises, des marmottes, des lièvres et des agoutis.

Envisagés dans leur forme extérieure, les callomys ont quelque chose du port des lapins, et l'on est tenté de les en rapprocher ; l'étude de leur organisation intérieure confirme cette manière de voir, qui semble donc mériter l'approbation : les lapins ont plus de dents que les callomys, puisqu'ils ont vingt molaires ; mais ils ont, même dans leurs dents, quelque chose du caractère de ces animaux. On ne trouve des callomys que dans l'Amérique méridionale.

CHINCHILLA , *Callomis laniger.*

Le chinchilla est long de 40 centimètres environ, depuis le bout du museau jusqu'à l'extrémité de la queue ; sa couleur est d'un brun gris, ondulé de blanc à la face supérieure du corps, et très-clair

en dessous ; son poil est extrêmement fin et très-
doux au toucher ; il est assez long, mêlé et très-
soyeux. Le port des chinchillas ressemble à celui
des lapins ; mais leur queue est plus courte, et leurs

Chinchilla.

oreilles sont évasées, arrondies et nues. La tête
de ces animaux est à peu près celle d'un écureuil ;
elle en a toute la vivacité ; les moustaches qu'on
voit sur ses joues sont composées d'une trentaine
de poils inégalement longs, les uns blancs, les
autres noirs, et dirigés obliquement sur les parties latérales.

 Les chinchillas habitent par familles les montagnes, dans lesquelles ils se pratiquent des terriers nombreux et profonds. La peau de ces animaux est précieuse pour les fourreurs, et c'est pour l'obtenir qu'on leur fait une chasse si meurtrière à Coquimbo; elles sont fréquemment employées en Europe. On les y importe de Valparaiso et de Sant iago; celles qui proviennent du Pérou sont expédiées des parties orientales des Indes à Buenos-Ayres, ou bien envoyées à Lima. Comme on leur retranche, pour les emballer plus commodément, toutes les parties inutiles aux fourreurs, c'est-à-dire la queue, les pattes, les oreilles et les dents, il est facile de s'expliquer pourquoi les naturalistes ont été si longtemps incertains sur la nature de l'animal auquel elles appartiennent. Les premiers individus vivants qu'on ait possédés en France n'y ont été reçus que vers 1830, et ils ont permis de donner sur leur espèce des renseignements plus complets. On a pu reconnaître sur ces individus combien leur espèce est voisine de celle des lapins, dont ils ont la démarche et les appétits; mais leur intelligence est beaucoup moins obtuse; ils étaient gais, quoique captifs, et cherchaient toujours à sauter, à fuir, etc. Les fourrures dans lesquelles entre la peau des chinchillas sont très-chaudes, et aussi très-belles; cependant il paraît qu'on en fait un moindre usage aujourd'hui; car les peaux qu'on vendait il y a une dizaine d'années vingt à vingt-cinq francs n'en valent plus maintenant que cinq ou six. Les anciens Péruviens, beaucoup plus industrieux que ceux de nos jours, fabriquaient avec la soie de ces pelleteries des couvertures et des étoffes très-précieuses.

VISCACHE, *Callomis viscaccia.*

Les viscaches ne se rencontrent que dans les plaines; elles se creusent des terriers profonds, mais qui n'ont jamais qu'une entrée. Assez ordinairement on trouve réunies dans un même lieu plusieurs familles, dont les terriers, rapprochés les uns des autres, représentent une sorte de village souterrain. Elles sont communes dans une grande partie de l'Amérique du Sud, et il est impossible dans plusieurs provinces, notamment dans celle de Buenos-Ayres, de faire un kilomètre sans rencontrer une famille de viscaches; souvent même la campagne est criblée partout de leurs terriers. Ces animaux ont la singulière habitude de réunir sur le bord de leurs trous les ossements, les morceaux de bois, et en général tout ce qu'ils trouvent épars sur le sol, en sorte que si l'on perd quelque objet dans la campagne, on est presque sûr de le retrouver à l'entrée d'un de leurs terriers. Cependant les viscaches ont soin d'étendre et d'aplanir les terres de leur trou, et d'empêcher qu'il ne se forme un monticule autour. Elles ont constamment le plus grand soin de leur domicile.

Si une viscache vient à périr dans son terrier, les autres individus du voisinage s'empressent de la porter dehors.

Une famille de ces animaux est le plus souvent composée de huit à dix individus; parfois on en trouve réunis en plus grand nombre. Essentiellement solitaires, ils n'abandonnent les terriers où ils sont nés que lorsque des accidents auxquels ils n'ont pu porter remède les en chassent, ou lorsque la famille, devenue trop nombreuse, les oblige à se diviser pour pouvoir vivre. Ils s'éloignent même à peine de leurs terriers, et, au moindre bruit, ils y rentrent. Les Indiens, qui connaissent très-bien leurs mœurs, assurent que, tout craintifs qu'ils se montrent ordinairement, ils deviennent néanmoins courageux dans le moment du danger, et se défendent même contre les sarigues, les mouffettes et les autres carnassiers.

On voit ordinairement les viscaches assises près de leurs terriers comme les lapins. Elles marchent aussi en sautant à peu près de la même manière, c'est-à-dire en avançant à la fois les deux membres postérieurs après la partie antérieure; leur démarche est assez rapide, et tous leurs mouvements sont très-vifs. Elles ont divers cris : lorsque quelque chose les effraie, on les entend dans leurs terriers exprimer leur terreur par des sons rauques imitant une espèce de roulement; quand elles sont surprises hors de leurs trous, elles jettent, en se sauvant, un cri aigu. Elles se nourrissent habituellement de plantes légumineuses et de graminées, principalement de ces dernières, et d'une espèce de luzerne qui abonde dans les pampas ; mais, alors qu'elles habitent dans le voisinage des jardins, elles y causent de grands dégâts ; aussi les cultivateurs leur font-ils une guerre cruelle.

La chair de la viscache est blanche et très-délicate ; cependant les Américains la dédaignent assez généralement. Leur peau est employée comme fourrure, et on les chasse pour se la procurer et aussi pour diminuer le nombre des viscaches, qui ne sont pas sans faire beaucoup de ravages.

Les viscaches, les chinchillas et les lagotis habitent l'Amérique méridionale. Il paraît que le genre hapalotis, qui est en Australie un des représentants de l'ordre des rongeurs, appartient aussi à ce groupe ; mais on ne trouve pas d'animaux de leur sorte en Asie, non plus qu'en Europe et en Afrique.

LES ORYCTOMYS

Ce sont d'autres rongeurs assez semblables aux campagnols par leur port, et qui rappellent aussi quelques animaux d'Asie et de l'Europe orientale que l'on a nommés rats-taupes. Un de ces rats-taupes est remarquable par la petitesse de ses yeux, qui sont tout à fait inutiles à la vision et

cachés sous la peau : c'est le zemmi ou le rat-taupe
aveugle. Il a, comme les autres espèces de son
genre, six dents molaires seulement à chaque mâchoire ; mais les oryctomys en ont huit, quatre de
chaque côté. Parmi eux, il importe de reconnaître
les rats à bourses, dont trois espèces vivent dans
l'Amérique septentrionale. On les a nommés ainsi
à cause des sortes de poches très-dilatables qui
communiquent avec leurs joues, et dans lesquelles
ils mettent en réserve une partie de leur nourriture. Ces rats à bourses, que Linnée appelait *mus
bursarius*, vivent aux États-Unis, en Floride, en
Géorgie, en Californie et au Mexique ; ce sont des
animaux terriers, dont la taille dépasse de quelque
chose celle du rat noir.

LES CAPROMYS

Ceux-ci sont aussi des rongeurs muriens, à huit
molaires à chaque mâchoire, ces dents étant pourvues de rubans d'émail à replis sinueux. Les capromys sont de la taille d'un lapin ; on en connaît
quatre espèces, dont une est de Saint-Domingue,
les trois autres étant particulières à Cuba. Ces
dernières sont les seuls mammifères terrestres
propres à l'île, dont elles sont originaires. Elles
constituent le seul gibier qui fût à Cuba lors de
la découverte de cette île. Les capromys reçoivent

des colons le nom d'*utia*. L'un d'eux a des formes
plus trapues que les autres ; il est brun avec le

Capromys.

dessus du cou blanchâtre sale : c'est l'*utia congo*
des Espagnols.

LES CASTORS, *Castors.*

Les castors se distinguent de tous les autres
rongeurs par leur queue aplatie horizontalement
comme une rame, et couverte d'écailles imbriquées
qui rappellent celles des poissons. Ce sont des animaux de taille assez forte, et dont les formes sont

lourdes et ramassées ; leurs dents sont au nombre de vingt ; leurs doigts de devant, courts à proportion de ceux de derrière, sont armés d'ongles propres à fouir, et ceux de derrière sont palmés, c'est-à-dire réunis entre eux par une membrane ; enfin l'on trouve sous la queue de ces animaux deux grosses glandes dont les canaux excréteurs aboutissent dans des replis cutanés, et y versent une sorte de pommade, d'une odeur très-forte, qui est employée en médecine sous le nom de *castoreum*. Il existe des castors en Europe, et même en France, aussi bien qu'en Amérique et dans le nord de l'Asie. Tous sont de la même espèce ; leurs mœurs offrent seules des différences dans ces diverses contrées. Tout le monde a entendu parler de l'instinct presque merveilleux qui porte les castors à se construire des habitations ; ceux d'Amérique sont surtout remarquables par leur habileté. En Europe, ils creusent des terriers voisins des cours d'eau ; mais ils ne construisent pas. La nourriture principale de ces animaux consiste en écorce d'arbres, tels que le bouleau, le saule, etc., et en racines de certaines plantes aquatiques.

Les castors, dont le pelage est ordinairement d'un brun roussâtre uniforme, mais quelquefois d'un beau noir, et d'autres fois blanc, sont pourvus en très-grande abondance d'un duvet grisâtre, moelleux et d'une finesse extrême, qui reste caché sous ses poils longs et soyeux, et est enduit d'une humeur grasse qui l'empêche de prendre l'eau, et produit une grande chaleur. Mais cette fourrure, qui leur est si utile, devient souvent la cause de leur destruction, car elle est très-recherchée dans le commerce, et, pour se la procurer, on fait au castor une chasse des plus actives. Les peaux des castors ont, en effet, un prix assez élevé. On les emploie comme fourrure et aussi pour la fabrication des chapeaux de feutre. Les plus belles sont celles des animaux tués en hiver et dans les parties les plus septentrionales de l'Amérique. Une peau fournit environ une livre un tiers de duvet, lequel vaut actuellement en France deux cents francs la livre. L'importation de ces peaux s'est élevée quelquefois à environ cent cinquante mille en une seule année.

Auprès de ces animaux nous devons signaler les *couia* ou myopotames, qui sont de l'Amérique méridionale et ont les dents et les pieds des castors, mais dont la queue est grêle et arrondie. Leur duvet est souvent employé à la place de celui des castors.

LES PORCS-ÉPICS, *Hystrix*.

Le genre des porcs-épics comprend plusieurs espèces des deux continents ; mais une seule habite l'Europe, et elle ne se rencontre que dans les contrées tout à fait méridionales ; elle est aussi de Barbarie et d'une partie de l'Inde : cet animal est

long d'environ 64 centimètres ; sa démarche est
lourde, et les piquants qui couvrent la partie supérieure de son corps sont très-acérés et fort longs ;
chacun d'eux est régulièrement annelé de noir, de
brun et de blanc, et sur la nuque et le cou s'élèvent
de longues soies roides qui forment une crinière.
Le porc-épic creuse des terriers, et se nourrit d'a-
liments végétaux ; il s'introduit parfois dans les
fermes, et fait des ravages plus ou moins grands
dans les vergers : il hérisse ses piquants lorsqu'on
l'irrite, et cherche à s'en faire une défense ; mais
il ne les darde pas contre ses ennemis, ainsi qu'on
l'a dit à tort. C'est un animal essentiellement terrestre. Le même groupe comprend une espèce
américaine appelée *coendou*, et qui est organisée
pour grimper. Celle-ci, dont les piquants sont noirs
et blancs vers leur moitié supérieure, et d'un beau
jaune soufré à leur base, a la queue prenante, ce
qui lui permet de se tenir avec facilité dans les
arbres au milieu desquels elle habite.

§ III

RONGEURS LÉPORIENS

LES LIÈVRES, *Lepus*.

Les lièvres et les lapins sont, comme on le suppose bien, deux espèces du même genre, mais

chez lesquelles les mœurs présentent quelques particularités tout à fait caractéristiques. Animal de plaine et essentiellement coureur, le lièvre ne se creuse point de terrier, comme le lapin ; il se contente d'un gîte, dont il change la position suivant les diverses époques de l'année. Les lièvres se rencontrent dans presque toute l'Europe ; dans le Nord, ils ne sont pas moins communs que dans le Midi. Les lapins sont, au contraire, des provinces méridionales ; ils ne s'avancent point vers le Nord, et on les suppose originaires d'Espagne et de Barbarie. Ce sont des animaux fouisseurs, qui préfèrent les bois aux plaines, et qui se retirent dans des terriers plus ou moins grands qu'ils se creusent à la surface du sol. Les lapins ont, comme les lièvres, des dents molaires, au nombre de six à la mâchoire supérieure, et de cinq à l'inférieure ; ces dents ayant, dans les espèces de collines transverses qu'on remarque à leur surface, un caractère particulier. Joignez-y que, contrairement à ce que présentent tous les autres rongeurs, les animaux du genre lièvre ont quatre incisives au lieu de deux seulement à la mâchoire supérieure, deux plus petites placées en dedans, et deux plus grandes visibles en dehors ; que leurs oreilles sont très-longues, et que leur queue est toujours fort courte.

La fourrure de ces animaux est employée comme pelleterie : c'est principalement dans la fabrication des chapeaux de feutre qu'on fait le plus grand usage de leurs poils. Le duvet qui s'y trouve mêlé en grande abondance a, de même que celui du castor et de beaucoup d'autres mammifères, la propriété de se pelotonner et de se feutrer très-solidement. Le poil de lapin ne sert que pour le feutre le plus commun ; celui des lièvres donne des produits beaucoup plus beaux, principalement dans les individus des pays froids.

§ IV

RONGEURS CAVIENS

Nous terminerons cette énumération, déjà longue, quoique fort abrégée, des genres nombreux qui composent l'ordre des mammifères rongeurs, par quelques mots sur les cabiais, *cavia,* dont on a fait une famille sous le nom de caviens.

On distingue plusieurs groupes parmi les cabiais ; tels sont ceux des agoutis, des cabiais proprement dits, des kerodons et des pacas. Les agoutis ont les formes plus élancées que les autres, et leurs dents rappellent celles des porcs-épics ; ils sont d'Amérique, ainsi que tous les animaux de la même famille. Quant aux cabiais ordinaires, connus sous le nom d'*aperea,* ils doivent surtout nous occuper, parce que c'est d'eux que provient le petit animal domestique connu en Europe sous le nom de *cochon d'Inde*. L'aperea est gris-roussâtre sur le dos, et blanchâtre en dessous ; il a 18 à 22 centimètres de longueur ; c'est un animal timide, qui se nourrit de substances végétales, et vit en société dans de petits terriers. On trouve l'aperea au Brésil, au Paraguay et jusqu'en Patagonie. Peu intelligent, cet animal est loin cependant d'être aussi stupide que les cochons d'Inde, et ses descendants domestiques. Ceux-ci, que leurs rapports avec l'espèce humaine ont tellement fait varier de couleur, sont doux par tempérament, dociles par faiblesse, et presque insensibles à tout : ils ont l'air d'automates faits seulement pour figurer une espèce.

CHAPITRE V

ORDRE DES GRAVIGRADES

Le nom sous lequel sont compris ces animaux indique la lourdeur de leurs mouvements et l'un des traits les plus caractéristiques de leurs allures ; tous, quoiqu'ils soient peu nombreux, sont remarquables par leurs grandes dimensions. Ce sont les éléphants et les lamantins d'une part, les dugongs et les stellères de l'autre. Rien, au premier aspect, ne paraîtra plus disparate que cette réunion dans un même groupe des éléphants et des lamantins ; les uns ont, en effet, une trompe, et leur corps est supporté par quatre membres, tandis que les seconds, privés de la trompe des éléphants, ont dans la forme de leur corps beaucoup d'analogie avec les cétacés, et manquent, ainsi que ces derniers, de membres postérieurs. Mais, à vrai dire, ce sont là des différences qui tiennent à la nature du milieu que ces animaux habitent, et, si l'on vient à analyser les autres parties, même les plus importantes de leur organisme, on verra que les lamantins sont à tous égards intimement liés aux éléphants, et que, comme nous l'avons déjà dit, on ne saurait les comparer aux cétacés, bien qu'ordinairement on les confonde avec eux sous cette dénomination. Ils ont dans la disposition de leur crâne divers traits particuliers à eux seuls et aux éléphants ; leurs dents, ainsi que chez ceux-ci, sont de deux sortes seulement (molaires en nombre variable, et incisives au nombre de deux à l'une et à l'autre mâchoire). Plusieurs autres dispositions communes dans le tube digestif, la nature de la peau, des ongles, etc., confirment le rapprochement qu'un naturaliste moderne a fait des éléphants et des lamantins, et ces deux sortes d'animaux doivent donc constituer dans un même ordre deux familles dans une desquelles entreront les éléphants, ou les gravigrades terrestres, et dans l'autre les lamantins ou les duggons, ou gravigrades aquatiques. On retrouve dans le sein de la terre des débris de plusieurs espèces ayant appartenu au même groupe que ces animaux. Les plus connus sont les mastodontes, ou mammouths, et les dinothériums. Ceux-ci sont surtout remarquables parce qu'ils semblent tenir en même temps des éléphants et des lamantins, et ceux-là en ce qu'ils sont au nombre des fossiles dont il a été plus aisé à reconnaître la véritable nature, bien qu'ils soient de races aujourd'hui éteintes.

LES ÉLÉPHANTS

Le nom d'éléphant n'est pas, comme le pensaient les anciens auteurs, celui d'une seule espèce de mammifères; car, sans parler des éléphants fosssiles et des mastodontes, dont les diverses espèces ont également disparu de la surface du sol, il est bien démontré depuis Camper que l'éléphant d'Asie et d'Afrique, s'ils sont animaux du même genre, ne sont certainement pas de la même espèce. Ces mammifères se distinguent, en effet, l'un de l'autre par plusieurs particularités notables. Nous ne donnerons pas leurs caractères communs, que tout le monde connaît; mais nous essaierons de faire savoir comment ils diffèrent l'un de l'autre. On ne trouve, comme chacun sait, les éléphants qu'en Asie et qu'en Afrique. Dans cette dernière contrée, ils sont répandus depuis le sud jusqu'aux confins de la Barbarie; mais ils n'habitent de la première que les parties méridionales, ainsi que les grandes îles de la mer des Indes, Sumatra, Bornéo, Ceylan. Ces animaux se distinguent surtout entre eux par la forme de leur tête et celle de leurs oreilles, ainsi que par la nature de leurs dents.

ÉLÉPHANT D'ASIE, *Elephas asiaticus.*

Il existe sur le continent depuis l'Indus jusqu'à la mer orientale et dans les grandes îles qui sont au sud de l'Inde. Sa tête est oblongue; son front, concave sur le milieu, est bombé de chaque côté; ses oreilles sont moins grandes que celles de l'espèce africaine, et plus écartées entre elles; ses dents sont molaires, marquées de rubans transverses d'émail, qui donnent à la coupe des lames qui les composent une forme particulière. D'ailleurs l'éléphant d'Asie présente les mêmes formes de corps et de membres que celui d'Afrique; sa peau est de même rude et à peu près nue, son nez est prolongé par une énorme trompe dont il se sert avec beaucoup d'adresse, et ses pieds sont également plantigrades, les doigts, au nombre de cinq, étant enveloppés dans la masse des chairs jusqu'à leur dernière phalange inclusivement.

La couleur ordinaire des éléphants d'Asie est d'un gris terreux passant au brun ; cependant, lorsque leur peau est humide, et, par exemple, qu'ils viennent de se baigner, on aperçoit sur plusieurs parties de leur corps, et particulièrement sur la trompe, à son origine, des taches blanches légèrement teintes de couleur de chair ; les poils sont de la couleur générale de la peau. Chez quelques races d'éléphants, que les Malais et les Indiens estiment de préférence, et auxquels ils accordent parfois les honneurs divins, la couleur est entièrement d'un blanc rose. La teinte que prennent alors ces animaux est le résultat d'une maladie semblable à celle qui produit les albinos dans l'espèce humaine. Selon certaines peuplades des bords du Gange, les éléphants blancs sont animés par les âmes d'anciens rois. On sait que les princes de Siam, du Pégou et de diverses autres contrées placent dans leurs titres celui de possesseur de l'éléphant blanc ; ils logent ce respectable mammifère dans leurs palais, et le font servir avec magnificence par un nombreux domestique.

Les défenses de l'éléphant des Indes sont assez courtes, et c'est chez les femelles qu'elles arrivent aux moindres dimensions. Cependant il y a des mâles qui ne les ont pas plus longues; mais on en ignore la raison. On appelle ces derniers *mookna*. Ceux qui ont de longues défenses se nomment *daunthelah*, du mot *daud*, qui est le même que le mot *dent*.

Il y a une infinité de variétés parmi les dauntelahs, par rapport à la direction et à la courbure de leurs dents ; les plus estimés sont ceux où elles approchent le plus de la direction horizontale. Les princes indiens ont aussi un respect superstitieux pour les dauntelahs qui n'ont qu'une défense, comme cela arrive quelquefois.

Malgré la grosseur de sa masse, l'éléphant ne manque pas de légèreté dans ses mouvements; il a un trot assez prompt, et atteint aisément un homme à la course; mais, comme il ne peut se tourner rapidement, on lui échappe en se portant de côté. Il remue les oreilles en courant, et l'on a prétendu qu'il les emploie quelquefois pour se diriger. Il a peine à descendre les pentes trop rapides, et il est obligé de ployer alors ses pieds de derrière pour ne pas être emporté par la masse de sa tête et de ses défenses.

Le corps de cet animal étant plus léger que l'eau, il traverse très-aisément les rivières à la nage, et n'a pas besoin, comme disent les anciens, de marcher sur le fond en élevant sa trompe vers la surface pour respirer.

Il préfère les lieux humides et couverts, ainsi que le bord des fleuves, à tout autre séjour : l'excès du chaud ne le fait pas moins souffrir que celui du froid ; sa nourriture principale consiste en herbes, en racines et en jeunes branches ; mais il aime par-dessus tout les fruits et les plantes sucrées, comme la canne à sucre et le maïs.

L'instinct naturel des éléphants les porte à la société ; ils se tiennent en grandes troupes dans l'intérieur des forêts, dont ils sortent rarement ; ces troupes, ou hordes, comprennent depuis quarante jusqu'à cent individus de tout âge et de tout sexe, et sont conduites par un des plus vieux et des plus vigoureux individus qui les composent. Les plus jeunes et les femelles sont placés au milieu, et pro-tégés par les mâles. On voit aussi quelques élé-phants solitaires ; les Indiens les nomment *gron-dash*. Ces éléphants marrons, ou grondash, sont plus dangereux que les autres.

Les éléphants ne se reproduisent pas en capti-vité ; tous ceux que l'on emploie ont commencé par être sauvages.

On prend aux Indes les éléphants de deux ma-nières : en troupes ou isolés. Une troupe entière doit être attaquée par un grand nombre d'hommes armés, qui se placent en cercle autour d'elle, l'effraient par le bruit des tams-tams, des armes à feu et par l'éclat de la flamme, en même temps qu'ils se prêtent mutuellement secours pour em-

pêcher les éléphants de s'échapper de tout autre
côté que celui où ils veulent les conduire. De la

Éléphant.

sorte on fait entrer ces animaux dans une enceinte
préparée, fermée de larges fossés et de palissades

composées d'arbres plantés pronfondément et sou-
tenus par des barres transverses et par des arcs-
boutants; l'entrée de cette enceinte est garnie de
feuillage, et ressemble, autant qu'il est possible,
à un sentier ordinaire de forèt. Cependant l'éléphant qui est à la tête de la horde hésite longtemps avant de s'y introduire; mais, une fois qu'il
y a mis le pied, tous les autres le suivent, comme
on voit sur nos côtes des troupes des dauphins
donner inévitablement dans l'écueil où leur guide
vient d'échouer. Après que la troupe des éléphants
est tombée dans le piége qui lui était tendu, il
s'agit de les isoler pour les dompter. Des cris,
des flambeaux, le bruit des instruments les arrêtent dans tous les efforts qu'ils tentent pour passer
le fossé et renverser la palissade. On leur donne
leur nourriture sur un échafaud placé près de
l'entrée d'un couloir dans lequel on les attire de
cette manière un à un, et qui est assez étroit pour
qu'ils ne puissent s'y retourner. Dès que l'un d'eux
est entré dans ce couloir, la porte est fermée, et
l'animal arrêté devant et derrière par des traverses
qu'on lui oppose aussitôt; on prend ses pieds dans
des nœuds coulants, on lui enlace les jambes, etc.,
et l'on ne tarde pas à dompter sa fureur.

Il ne faut pas tant de préparatifs pour prendre
les éléphants isolés, et, de quelque manière qu'on
se soit rendu maître de ces animaux, leur éducation est la même. On les livre à des gardiens assis-

tés de quelques valets, qui les habituent à l'esclavage par un mélange de caresses et de menaces,
en les grattant avec de longs bambous, en les as-
pergeant d'eau pour les rafraîchir, en leur donnant
ou leur refusant la nourriture. Quelquefois aussi
on a recours aux châtiments, et on les frappe avec
des bâtons garnis d'une pointe de fer. Le maître
s'approche ainsi d'eux par degrés, jusqu'à ce
qu'enfin l'éléphant qu'il a choisi lui permette de
monter sur son cou, partie de laquelle on dirige
facilement les mouvements de ces animaux. Il faut
environ six mois pour en venir à ce point de docilité; cependant on ne peut jamais compter sur
une parfaite réussite; car lorsqu'un éléphant
qu'on croyait bien apprivoisé veut s'enfuir, tous
les efforts de son conducteur ne peuvent l'arrêter.

L'éléphant est un des animaux les plus utiles
que l'homme ait domptés; sa force est prodigieuse;
il porte jusqu'à mille kilos; il tire des fardeaux
que six chevaux pourraient à peine ébranler; il
fait sans fatigue 60 à 80 kilomètres par jour, et
lorsqu'on le presse, il en fait plus de 120. Tout le
monde sait qu'on l'employait autrefois à la guerre,
qu'on le chargeait de soldats, et qu'on lui accordait une place importante dans les batailles. Aujourd'hui encore on le monte dans la chasse au
tigre et au lion; et, bien qu'il craigne le feu et que
les détonations l'effraient parfois, il ne laisse pas
que de rendre d'importants services; il est dans

l'Inde d'un usage journalier pour le transport des fardeaux; il y est aussi fréquemment employé comme monture de voyage.

L'espèce importante qui nous occupe est connue des Européens depuis assez longtemps; mais elle ne l'était pas encore du temps d'Homère. Le chantre d'Achille parle souvent de l'ivoire, mais sans savoir quel animal le produit. Hérodote a le premier indiqué que cette substance est la dent de l'éléphant. Les premiers Grecs qui virent cet animal furent Alexandre et ses Macédoniens, qui eurent à en combattre dans l'armée de Porus. Il faut qu'ils les aient souvent observés; car Aristote en donne une histoire fort détaillée, et beaucoup plus exacte que celle qu'ont écrite plusieurs auteurs modernes.

C'est de l'éléphant indien que Buffon a surtout parlé dans la belle description de son *Histoire naturelle*. Cette espèce habite l'Asie orientale et une grande partie de l'Asie méridionale, la côte de Malabar, les royaumes de Bengale, d'Arakan, de Pégou, de Siam, et quelques provinces de l'empire chinois; on la trouve aussi dans les grandes îles avoisinantes : Ceylan, l'archipel de la Sonde et Célèbes.

ÉLÉPHANT D'AFRIQUE, *Elephas africanus.*

L'éléphant d'Afrique, dont la première bonne description est due à Perrault, a la tête plus arrondie, moins large en dessus; son front est moins bombé, et ses oreilles sont beaucoup plus grandes et plus rapprochées par leur bord interne;. ses dents molaires offrent aussi une autre disposition, et ses défenses sont plus fortes.

L'éléphant d'Afrique diffère assez peu, quant aux mœurs, de celui d'Asie; mais il n'est plus aujourd'hui domestique, et on le chasse plutôt pour sa chair, qui est bonne à manger, et pour ses défenses qui sont recherchées, dans le commerce, que pour toute autre cause.

Cet éléphant habite toute l'Afrique australe : on le trouve à la côte de Mozambique, au Sénégal; mais on ignore les régions qui limitent présentement sa patrie au nord.

LES LAMANTINS

Ces animaux habitent les eaux de la mer, et se tiennent de préférence à l'embouchure des grands fleuves et au milieu des archipels; leur régime est herbivore, et leurs dents molaires, au nombre de sept ou huit de chaque côté, sont, pour nous servir de l'expression usitée, à collines transverses; ils n'ont d'incisives que dans le très-jeune âge. C'est parce qu'ils paissent l'herbe comme les ruminants que les voyageurs les ont souvent désignés sous le nom de *bœuf*, de *vache* ou de *veau marin*. Les lamantins ont des vestiges d'ongles aux membres antérieurs, les seuls qu'ils présentent; ces membres ont avec des mains une ressemblance grossière; et, comme les lamantins s'en servent avec assez d'adresse, on a supposé que c'est à eux que ces animaux doivent leur nom vulgaire de *manates* ou *manati*, dont on a fait *lamantin*. Les mammifères de ce genre fréquentent les côtes occidentales de l'Afrique et celles de l'Amérique orientale; ils sont donc des parages les plus chauds de l'océan Atlantique : ils vivent en troupes, et viennent souvent à terre; ils se laissent facilement approcher, et montrent assez de douceur.

LES DUGONGS, *Halicore*.

Les dugongs diffèrent des précédents par le nombre et la forme de leurs molaires, ainsi que par la présence, à la mâchoire supérieure, de deux fortes incisives, dont ils se servent pour arracher les fucus qui font leur nourriture. Ces animaux manquent de membres postérieurs, ainsi que les lamantins; on n'en distingue bien qu'une seule espèce, propre à la mer des Indes et à la mer Rouge. Dans cette dernière localité, ils ont été connus de tout temps. Les Hébreux les désignaient par le nom de *thachasch*, et c'était de leur peau que se recouvrait leur arche sacrée. Les Arabes recherchent les duggons à cause de leur peau et de leurs dents.

CHAPITRE VI

ORDRE DES PACHYDERMES

Linnée, qui avait déjà établi la plupart des ordres que les naturalistes plus récents admettent parmi les mammifères, avait imposé aux espèces que comprend celui-ci le nom de *brutes*, qui convient, en effet, parfaitement au rhinocéros, au tapir, au cochon, qui en sont les principales espèces, et même aussi, jusqu'à un certain point, au cheval, bien que, suivant la remarque du Pline français, la plus belle conquête que l'homme ait jamais faite soit celle de ce noble et fougueux quadrupède.

Les pachydermes n'ont point les mamelles pectorales des espèces de l'ordre que nous venons d'étudier; ils ont le plus souvent des dents de trois sortes, incisives, canines et molaires, et leurs pieds sont ongulés, c'est-à-dire que chacun de leurs doigts, lorsqu'il est complet, est enveloppé par son extrémité dans un ongle de l'espèce dite sabot ; tel est le cas du cheval, qui n'a qu'un seul sabot à chaque pied, et que pour cela on a nommé solipède, mot qui n'explique pas précisément cette manière d'être ; tel est aussi le cochon, qui a quatre sabots pour chaque membre. Pachyderme signifie peau épaisse, c'est donc un mot qui convient parfaitement aux espèces auxquelles on l'applique. Presque toutes habitent des marécages ; elles sont omnivores et voraces ; leur malpropreté est souvent excessive, et plusieurs sont d'un caractère brutal et souvent même farouche. La grande force de plusieurs pachydermes les rend d'ailleurs fort redoutables, et leur permet de résister aux ennemis les plus vigoureux, et souvent même d'attaquer avec succès les animaux qui leur sont incommodes. D'autres, plus faibles, comme les pécaris on sangliers d'Amérique, se réunissent en troupes nombreuses, et trouvent une force non moins grande dans leur association.

LES TAPIRS, *Tapirus.*

Des trois espèces qui composent ce genre, deux sont américaines, et la troisième vit dans l'Inde. Les tapirs sont, à peu de chose près, de la taille de nos cochons domestiques ; ils ont un boutoir fort allongé et mobile comme une petite trompe ; tous préfèrent les pays montueux.

LES RHINOCÉROS, *Rhinoceros.*

Ils sont tous de l'ancien monde. On en connaît plusieurs espèces ; il en est qui ont une corne, d'autres qui en ont deux, et quelques-uns qui n'en ont pas du tout. L'Afrique australe et centrale, l'Inde et les îles de la Sonde, sont les seules contrées où vivent les rhinocéros. Ces animaux, dont le nom veut dire *corne sur le nez,* ont été connus des anciens ; ce sont, avec les hippopotames, les plus grands des pachydermes, et ce sont aussi sans contredit les plus farouches. La corne de leur nez, qu'elle soit double ou simple, est toujours placée sur la ligne médiane, et ce n'est pas, comme celle des ruminants, un prolongement osseux, engaîné ou non par un étui corné, mais bien une simple protubérance, résultat de poils agglutinés, et qui dépend uniquement de la peau. On prépare avec cette partie du corps des rhinocéros divers ustensiles recherchés en Asie, et auxquels on attribue souvent des vertus merveilleuses. Les pieds de ces mammifères sont tous divisés en trois doigts, garnis de sabots très-grands ; leur queue est courte et rudimentaire, et leur peau, sèche, rugueuse, et presque dépourvue de poils, est si épaisse et si dure, qu'elle semble constituer une espèce de cuirasse. Quelquefois elle forme à la hauteur des épaules des plis profonds, disposés

transversalement ; enfin ils ont à chaque mâchoire,
et de chaque côté, sept mâchelières ; la mâchoire
supérieure a une canine de chaque côté ; le nombre

Daman.

.des incisives varie. Les rhinocéros sont des animaux d'une force prodigieuse et d'une extrême
rudesse : aussi a-t-on soin d'enchaîner fortement
tous ceux que l'on tient en captivité.

On trouve aux Indes trois espèces de rhinocéros, dont une bicorne, et deux ayant une corne

unique. Près de l'embouchure du Gange, on a observé des rhinocéros sans corne ; mais on ignore s'ils constituent une simple variété ou une espèce distincte ; en Afrique, il existe aussi des rhinocéros bicornes.

LES DAMANS, *Hyrax*.

Malgré leur petite taille et leur forme en apparence assez éloignée, les damans ne doivent point être séparés des rhinocéros ; ils ont, en effet, ainsi que l'a démontré le premier G. Cuvier, tous les traits principaux qui caractérisent ces derniers. Leur grosseur est celle d'un chien basset ou d'un lapin : ils vivent sur les rochers, dans toute la côte occidentale de l'Afrique, ainsi qu'au Cap et en Syrie.

LES CHEVAUX, *Equus*.

C'est un des genres les plus intéressants de l'ordre des pachydermes, non-seulement à cause de la forme élégante et de la belle robe de plusieurs de ces espèces, mais aussi à cause des nombreux avantages que l'homme retire de celles qu'il a domptées. Le genre *equus* se partage en six espèces, trois africaines, et trois asiatiques : les premières sont le zèbre, le daw et le czigitai ; les autres sont le cheval, l'âne et l'hémione. L'âne et le cheval sont depuis longtemps domestiques, et les quatre autres, que leur coloration gracieuse doit faire rechercher avec ardeur, sont également domestiques dans quelques contrées. Espérons qu'ils ne tarderont pas à l'être définitivement en Europe, où quelques-uns ont déjà paru (zèbre, daw, couagga) attelés à la calèche de quelques lords privilégiés : je dis lords ; car, dans l'Europe, ce n'est guère qu'en Angleterre que les riches particuliers ont possédé de ces quadrupèdes zébrés.

L'hémione, le daw, dont plusieurs individus ont déjà reproduit au muséum, et dont on a obtenu des petits à la troisième génération ; les lamas, les kanguroos, dont plusieurs parcs d'Angleterre nourrissent déjà d'assez nombreux individus ; les cerfs de Virginie, les axis, etc., sont au nombre des espèces étrangères qui pourraient le mieux réussir dans nos climats.

Mais revenons aux diverses espèces de chevaux : on peut les distinguer en chevaux proprement dits et en ânes, suivant qu'elles ont la queue comme celle de l'âne, c'est-à-dire longue, ou bien comme celle du cheval, c'est-à-dire courte et garnie de longs poils. Ceux auxquels le nom d'âne conviendrait alors forment le plus grand nombre.

Les dents des chevaux et des diverses espèces d'ânes et de zèbres sont au nombre de quarante-quatre : six incisives, deux petites canines à chaque mâchoire ; quatorze molaires à la supérieure, et douze seulement à l'inférieure ; leurs molaires, à

couronne carrée, sont marquées de nombreux replis d'émail.

CHEVAL, *Equus caballus.*

Il ne faut pas, comme généralement on le fait,
accorder aux mots race, variété et espèce, une
même signification. Le cheval comprend de nombreuses races, plusieurs variétés importantes, et
cependant il constitue une seule espèce. Individus
domestiques ou sauvages, nés dans l'ancien monde
ou dans les pampas de l'Amérique du Sud, tous appartiennent à une même espèce, dont la patrie primitive paraît être la Tartarie. Soumis par l'homme,
les chevaux de ces contrées ont été, à mesure que
la civilisation a progressé, répandus sur différents
points de la surface du globe, et aujourd'hui on
possède des chevaux non-seulement en Asie, mais
aussi dans toutes les autres parties du monde. La
nature diverse de chacun des climats auxquels ils
ont été soumis, et les usages nombreux auxquels
on les a employés, ont fait éprouver à leurs formes
et à leurs mœurs d'assez nombreuses modifications, quoique cependant ils aient beaucoup
moins varié que plusieurs autres races d'animaux
domestiques ; leur couleur et leur taille ont surtout
ressenti l'effet de ces influences souvent contradictoires ; aussi les uns ont-ils augmenté en dimensions, tandis que d'autres sont descendus beaucoup au-dessous de la grandeur moyenne ; leurs

formes ont aussi beaucoup varié, selon le genre de leur travail. La domesticité de ces mammifères remonte à une époque assez reculée : d'après quelques passages de la Genèse, il semble que l'on commençait à les employer en Égypte et dans les parties de l'Asie les plus voisines, vers l'époque où Joseph administrait la première de ces contrées, c'est-à-dire il y a environ trois mille six cents ans ; et, d'après les sculptures antiques trouvées dans les ruines de Persépolis, et même d'après les poésies d'Homère, on a lieu de croire que, dans les premiers temps de leur domesticité, on ne les montait pas, mais qu'on s'en servait seulement comme de bêtes de trait.

Dans les vastes steppes de la Tartarie, berceau de leur espèce, on trouve encore des chevaux sauvages que l'on appelle *trépans;* mais ces animaux n'ont pas entièrement conservé leur caractère primitif : car ils se mêlent continuellement à des individus échappés à la domesticité, et la plupart des zoologistes les regardent (peut-être sans preuves) comme les descendants de chevaux domestiques devenus libres. Lors de la découverte du nouveau monde, il n'y existait aucun animal du genre des chevaux. Le cheval domestique a été importé dans cette contrée à une époque qui ne remonte guère au delà de trois siècles, et cependant on y trouve aujourd'hui des troupes immenses de chevaux sauvages ; ce sont, comme on le suppose

pour ceux de la Tartarie actuelle, des individus
qui ont abandonné l'homme : ils y ont repris des
mœurs analogues à celles des *trépans* de l'Asie,
et le nombre en est bien plus considérable. Quoique sauvages, ils sont, comme les zèbres et divers
autres, peu difficiles à soumettre ; et, s'il en a été
de même pour ceux qui ont été les premiers réduits en Asie, la conquête a dû s'en faire en bien
peu de temps. Pour les prendre, on chasse souvent
toute une troupe à la fois, et, en la poursuivant, on
la dirige de manière à la pousser dans un *corra*
ou enclos circulaire construit avec des pieux
plantés solidement en terre ; puis le capitan, ou
chef de la tribu indienne, monte sur un cheval
vigoureux et bien dressé, entre dans l'enceinte,
ayant à la main un *lazo* ou longue courroie tres-
sée, fixée par une extrémité à la selle de son
cheval, et terminée à l'autre bout par un nœud
coulant. Le cavalier lance ce nœud autour du cou
du premier jeune cheval sauvage qui se présente à
lui, et l'entraîne au dehors. Au moyen de cordes
enlacées autour des jambes de l'animal, on le jette
par terre : on lui met dans la bouche une forte
courroie en forme de bride, et on le selle. Un
Indien armé d'éperons très-aigus le monte, et on
le laisse alors courir. Le cheval fait d'abord des
efforts incroyables pour se débarrasser de son cavalier ; mais l'éperon le met au galop, et, après
qu'il a couru pendant un certain temps, il se laisse

ramener à l'enclos fatal où il a perdu sa liberté; alors il est dompté. On lui ôte sa bride, et on le laisse aller avec les autres chevaux domestiques; car, dès ce moment, il ne cherche plus à fuir ni à désobéir à son maître. Dans la Tartarie, on a recours à des moyens analogues. En France, comme par toute l'Europe, les chevaux domestiques proviennent des haras. Leur production est presque nulle dans tout le midi de la France; dans les départements du centre, elle est un peu plus cultivée, et elle s'augmente encore vers le nord; mais elle est presque entièrement concentrée dans l'Alsace, la Lorraine, la Normandie et la Bretagne. Cette dernière province tient le premier rang, et la Normandie le second. La durée de la vie de ces animaux est d'environ trente ans; mais ils peuvent être mis hors de service longtemps avant cette époque, suivant que le travail auquel on les emploie est plus ou moins pénible. Les variations qu'ils éprouvent en vieillissant dans la forme de leurs dents, et surtout de leurs incisives, sont un excellent moyen pour reconnaître leur âge.

Le poulain, en naissant, est en général encore privé de dents sur le devant de la bouche, et il n'a que deux molaires sur chaque côté et à chaque mâchoire; mais, au bout de quelques jours, les deux incisives du milieu (appelées *pinces* par les vétérinaires) se montrent à chacune des mâchoires; dans le cours du premier mois, une troisième molaire paraît également. Vers trois mois et demi ou quatre mois, les incisives latérales ou les *coins*, ainsi qu'une quatrième molaire, apparaissent; à cette époque, la première dentition (dents de lait) est complète, et les changements qui surviennent avant l'âge de trois ans ne dépendent que de l'usure de plus en plus profonde des incisives, dont les fossettes, colorées en noir par les aliments, disparaissent peu à peu; de treize à seize mois, les pinces *rasent*, c'est-à-dire que la vivacité de leur surface s'efface; de seize à vingt mois, les incisives mitoyennes arrivent au même degré d'usure; et de vingt à vingt-quatre mois, les coins rasent à leur tour; à deux ans et demi ou trois ans, le travail de la seconde dentition commence. Les dents de lait se reconnaissent à ce qu'elles sont plus courtes, en général plus blanches, et rétrécies à leur base par la gencive; les dents de remplacement sont beaucoup plus larges, et ne présentent pas le rétrécissement dont nous venons de parler, et qu'on appelle le *collet*; ce sont les pinces qui tombent et qui sont remplacées les premières. A trois ans et demi et quatre ans, les incisives mitoyennes éprouvent le même changement; et les canines inférieures ou *crochets* commencent à se montrer; de quatre ans et demi à cinq, les coins se renouvellent aussi; les canines supérieures, lorsqu'elles doivent exister, percent la gencive, et, à la même époque, la cinquième molaire commence à paraître. Ces incisives de remplacement présentent, comme celles de lait, une dépression, en forme de fossette, à la surface de la couronne, et s'usent de la même manière. De cinq à six ans, les pinces de la mâchoire inférieure perdent leur cavité; l'année suivante, les incisives mitoyennes rasent à leur tour, et de sept à huit ans, la marque des coins s'efface; la détrition des incisives supérieures se fait dans le même ordre, mais plus lentement.

Lorsque ces divers changements sont opérés, les dents ne fournissent plus de signe certain pour indiquer l'âge du cheval, qui alors, en style de maquignon, est *hors d'âge*. La couleur et la longueur des canines, qui se déchaussent de plus en plus, les rides du palais et quelques autres signes ne peuvent donner plus tard que des indications approximatives.

ANE, *Equus asinus.*

Il est surtout caractérisé par sa queue, plus longue que celle du cheval, et garnie à l'extrémité d'une houppe de poils; sa taille est moindre, sa couleur est d'un gris brun, et l'on remarque sur ses épaules une sorte de croix formée par la rencontre à angle droit de deux bandes étroites de couleur noirâtre. Dans l'état sauvage, l'âne habite les déserts du centre de l'Asie. Moins gracieux que le cheval, il vit par troupes innombrables, qui changent de climat suivant les saisons, descendant en hiver dans les parties chaudes de la Perse et de l'Inde, et en été se portant vers le nord et jusqu'aux monts Ourals. D'après les témoignages historiques, il paraît que l'âne a été réduit à l'état de domesticité même avant le cheval; mais, moins beau que lui, et supportant moins bien le froid, il est d'une moindre utilité. Dans certaines contrées cependant où il a été soigné davantage et soumis à de meilleures conditions, sa race s'est améliorée; mais la négligence avec laquelle on l'élève dans certaines autres parties l'a, au contraire, dégradé.

Le lait d'ânesse est souvent ordonné comme aliment aux personnes maladives; il contient plus de sucre de lait, et beaucoup moins de matière caséeuse que celui de la vache.

HÉMIONE, *Equus hemionus.*

Les anciens, qui ont connu l'âne et le cheval sauvages, ont aussi eu divers renseignements sur l'hémione. Cet animal, dont le nom signifie demi-âne, a, en effet, différents traits de ce dernier; mais ses formes et ses couleurs ne manquent pas d'agrément. Il est d'une teinte isabelle sur le dessus du corps, et blanchâtre en dessous, sa ligne dorsale étant marquée d'une bande noirâtre. L'hémione vit par troupes composées d'une vingtaine d'individus. Sa vélocité est si grande, qu'elle est devenue proverbiale chez les Mongols, et que c'est monté sur un

animal de cette espèce que la mythologie thibé-
taine représente le dieu Feu.

Hémione.

Les espèces du genre cheval que possède l'Afrique
sont également au nombre de trois, qui toutes ont

quelque analogie dans la disposition de leurs couleurs, et qui est connue sous la dénomination de zébrure. Le zèbre, au nom duquel ce mot doit sa racine, était appelé *hippotigre* par les anciens, ce qui signifie cheval-tigre, ou rayé comme un tigre ; il peut être apprivoisé, et se rencontre depuis l'Abyssinie jusqu'au cap de Bonne-Espérance. Les deux autres sont le *couagga* et le *daw*, ou *onagga*, qui sont moins rayés que le zèbre.

LES HIPPOPOTAMES, *Hippopotamus*.

Les hippopotames sont remarquables par leur grandeur, leur corps massif, leur tête énorme et terminée par un large museau renflé, leurs jambes courtes et très-grosses et leur ventre traînant presque jusqu'à terre, leur peau à peu près nue, et si épaisse, que les balles ordinaires s'aplatissent en la frappant. Leurs mœurs sont en harmonie avec leurs formes grossières, car ils sont stupides et féroces ; ils vivent en Afrique, et se tiennent dans l'eau des grands fleuves de cette partie du monde, vivant continuellement dans la fange, et se nourrissant de plantes aquatiques ou de graminées qui croissent auprès des eaux. Ils nagent avec facilité. Leur nom, qui signifie *chevaux de rivière*, rappelle les lieux qu'ils habitent, et aussi leur voix, qui a quelque chose du hennissement des chevaux. Les hippopotames ont quatre doigts à chaque pied ;

leurs dents sont au nombre de trente-huit, quatre incisives et deux canines à chaque mâchoire, sept

Hippopotame.

dents molaires de chaque côté de la mâchoire supérieure, et douze en tout à l'inférieure, six de chaque

côté. Les incisives sont fort grandes et cylindriques ;
on les recherche dans le commerce, ainsi que les
autres dents de ces animaux. On ne distingue
qu'une seule espèce d'hippopotame, laquelle se
trouve au cap de Bonne-Espérance, dans le haut
Nil et dans le haut Sénégal.

LES COCHONS, *Sus.*

Les espèces qui rentrent dans le même genre que
le cochon sont plus nombreuses qu'on ne serait
porté à le supposer. On trouve des cochons sauvages en Europe, en Asie, en Afrique et à Madagascar, ainsi qu'en Amérique ; et, comme plusieurs
d'entre eux offrent des caractères assez tranchés,
on les a répartis dans plusieurs sous-genres particuliers. Tous les animaux de ce groupe sont remarquables par l'allongement de leur tête et par la
disposition de leur nez, qui est avancé, coupé obtu-
sément à son extrémité, et, comme on le dit, en
forme de groin. Leurs dents molaires varient pour
le nombre et pour la forme, et leurs pieds ont dans
la disposition de leurs doigts, au nombre de quatre
et rangés deux par deux, un caractère qui les rapproche des ruminants.

Le genre des cochons et celui des chevaux sont
les seuls de l'ordre des pachydermes qui aient
fourni à l'homme quelques espèces domestiques.
La souche du cheval et celle de l'âne sont faciles

à déterminer; mais il n'en est pas de même de celle des cochons, car on n'a point encore positivement établi si ces animaux proviennent d'une ou de plusieurs espèces. Les cochons domestiques ordinaires sont sans doute les descendants des sangliers; mais l'origine des cochons de Siam n'est pas certaine, non plus que celle des diverses autres races. Les cochons domestiques sont aujourd'hui répandus par toute la terre sur les points que l'homme habite; on sait qu'aux Antilles ils sont redevenus sauvages, et qu'ils y sont célèbres sous le nom de *cochons marrons*. L'Amérique du Sud renferme aussi maintenant des cochons sauvages issus d'individus échappés à la domesticité; mais le nord du même continent possède naturellement le sanglier, lequel est aussi d'une grande partie de l'Asie, de toute l'Europe et de l'Afrique septentrionale.

Les cochons domestiques sont d'une grande utilité à l'homme, à cause du goût agréable de leur chair, et de la possibilité qu'on a de la conserver à l'aide du sel; la facilité avec laquelle on les nourrit, et leur rapide multiplication, les rendent aussi préférables à beaucoup d'autres bestiaux.

Les cochons domestiques de race ordinaire ont les soies beaucoup plus rares et les canines moins prononcées que les sangliers. Le groin, ou boutoir, de ces animaux consiste en un prolongement particulier du museau, soutenu lui-même par un os spécial qu'on nomme l'os du boutoir, lequel s'appuie sur les os de la mâchoire supérieure, et, étant mis en mouvement par deux gros muscles situés de chaque côté de la face, entraîne avec lui le reste du nez. Un tissu fibro-cartilagineux recouvre cet os, et se termine en avant par une surface circulaire et inclinée en bas qui est recouverte d'une peau épaisse et nue. Au bord supérieur de cette extrémité tronquée du museau, on remarque un bourrelet épais et calleux, à l'aide duquel l'animal ouvre la terre. Guidé par la finesse de son odorat, le cochon cherche dans la terre les racines et les végétaux qui doivent le nourrir ; l'homme a su tirer parti de cet instinct en employant le cochon à déterrer les truffes.

Le sous-genre des sangliers proprement dits comprend le sanglier ordinaire, dont nous avons déjà indiqué la patrie (le mâle s'appelle *verrat*, la femelle *laie*, et les petits *marcassins*), le sanglier du Malabar, deux ou trois espèces voisines propres aux îles de la Sonde, le sanglier du cap Vert, et le sanglier musqué, dont la patrie est Madagascar.

On distingue auprès de ces animaux les *pécaris*, qui sont de l'Amérique du Sud, et qui n'ont que trois doigts aux pieds antérieurs, l'un des deux doigts rudimentaires manquant complétement. Les *babiroussas* constituent également une espèce du genre *sus*. Ils sont des îles de la Sonde et des Moniques, et se font surtout remarquer par leurs dents canines supérieures et inférieures, qui sortent de la bouche, se dirigent en haut, et imitent assez bien quatre cornes.

Les *phacochères* sont des espèces de cochons propres à l'Afrique, et remarquables par la forme singulière de leurs molaires, ainsi que par leur physionomie hideuse, leurs formes grossières et la brutalité de leurs instincts. L'espèce des phacochères s'observe en Éthiopie, au cap Vert, au Sénégal, en Guinée et au cap de Bonne-Espérance.

CHAPITRE VII

ORDRE DES RUMINANTS

Si l'on se rappelle les mœurs douces et sociables, le régime et la nature des espèces de cet ordre, on s'étonnera peu que ce soit parmi eux que l'homme ait choisi ses animaux domestiques. Le chameau et le dromadaire, le lama, le bœuf, le mouton et la chèvre sont tous des mammifères ruminants. Les muscs, les antilopes, qui présentent de si innombrables variétés, les cerfs, les girafes, sont, avec eux, les principaux genres de l'ordre dont il va être question. La réunion de tous ces êtres est sans contredit l'une des plus naturelles que nous offre la classe des mammifères.

Le nom de ruminants vient à ces animaux de la faculté singulière qu'ils ont de ramener dans leur bouche, pour les mâcher de nouveau, les aliments déjà avalés une première fois, facilité qui tient à la structure de leur estomac. En effet, leur œsophage n'aboutit pas à une cavité stomacale unique, comme chez les autres mammifères ; mais il communique directement avec plusieurs poches disposées de telle sorte, que, lorsque les aliments avalés sont grossiers, ils s'arrêtent dans un premier estomac nommé la panse, d'où ils remontent plus tard dans la bouche par une espèce de vomissement, tandis que, lorsqu'ils sont liquides ou réduits en pâte molle, ils pénètrent plus loin dans une cavité différente, où leur digestion s'achève. Les estomacs des ruminants sont au nombre de quatre : le plus grand, que nous avons déjà nommé, est la *panse* ou *herbier* ; le second, appelé *bonnet*, s'ouvre au-dessous, à droite de l'œsophage ; le troisième est le *feuillet*, ainsi nommé à cause des larges replis longitudinaux, semblables aux feuillets d'un livre, qui garnissent son intérieur ; et le dernier, ou la *caillette*, prend ce nom à cause d'une humeur qui lui est propre et

11*

dont la propriété est de faire cailler le lait : dans les ruminants qui viennent de naître, il est le seul qui fonctionne. Chez les individus adultes, les aliments qui doivent être digérés passent, après une courte mastication, de la bouche dans la panse, où ils s'accumulent jusqu'à ce qu'ils soient en quantité suffisante. L'animal cesse alors d'en recueillir de nouveaux ; rendu au repos, il s'apprête à les broyer d'une manière plus complète. Leur retour à la bouche est dû à l'action du bonnet et de la panse, qui, en se contractant, les poussent successivement par petites pelotes, ce qui leur permet de remonter l'œsophage, portion du tube digestif qui est entre l'estomac et la bouche. On comprendra l'utilité de semblables dispositions si l'on se rappelle que les ruminants, animaux vivant exclusivement de substances végétales (peu fournies par conséquent en matières alibiles, et toujours d'une digestion plus ou moins pénible), ont, pour la plupart, à redouter de nombreux ennemis ; leur panse est, si l'on peut ainsi dire, une sorte de magasin dans lequel ils rassemblent à la hâte les substances qui doivent les nourrir, jusqu'à ce que, de retour dans les lieux qu'ils ont choisis pour habitations, ils puissent les manger avec plus de sécurité et d'une manière plus profitable. Ce que font ces animaux à l'état sauvage, ils le font également en domesticité. Conduits aux champs ou dans les pâturages, ils coupent autant d'herbes qu'il leur en faut, et ils ne ruminent qu'après leur retour à l'étable.

Les ruminants sont de tous les mammifères ceux qui ont l'estomac le plus compliqué, et ceux aussi chez lesquels le tube digestif offre le plus de longueur. Chez les espèces qui se nourrissent de chair, on remarque, au contraire, ainsi qu'on devait le supposer, une combinaison d'organes tout à fait inverse. Ces aliments étant d'une digestion incomparablement plus facile, la nature a eu recours à un appareil bien moins compliqué ; l'estomac est toujours unique et simple, et les intestins sont fort courts. Les autres caractères des ruminants sont aussi fort tranchés. Tous ont quatre doigts, disposés par paires d'inégale grosseur, ceux de la plus forte paire étant rapprochés en pincés ou en fourches, ce qui a même valu à ces animaux l'épithète de *pieds fourchus*, qu'on leur donne quelquefois. Leurs dents affectent également ment une disposition spéciale ; tous, excepté les chameaux et les lamas, ont douze dents à chaque mâchoire (six de chaque côté), et leur mâchoire inférieure a huit incisives, la supérieure en étant privée à tous les âges. Les nombreuses espèces qui ont ce système de dentition sont les seules, de toute la classe des mammifères, chez lesquelles il existe de véritables cornes ; nous avons vu que ce qu'on nomme ainsi chez les rhinocéros est d'une autre nature.

LES CHAMEAUX, *Camelus.*

On distingue deux espèces de chameaux : l'un à
deux bosses, qui porte plus spécialement ce nom,
et l'autre à une seule bosse, qui est le dromadaire.
Ces animaux, célèbres par les services qu'ils rendent aux peuples orientaux, sont, comme on le
sait, domestiques l'un et l'autre. Entièrement organisés pour vivre dans les vastes déserts de
l'Asie centrale et occidentale, et dans ceux de
l'Arabie, ils y sont, dès la plus haute antiquité,
recherchés comme bêtes de somme. Bien qu'ils
soient de véritables ruminants, ils ont quelques
rapports cependant avec les pachydermes, et sont,
de tous les animaux de leur ordre, ceux qui se
rapprochent le plus de ces derniers. Leur conformation extérieure a quelque chose de bizarre et
d'étrange ; la mauvaise grâce de leur allure, la
difficulté de leurs mouvements dans les terrains
ordinaires, leur cou long et contourné en S, leurs
lèvres allongées, les loupes graisseuses dont leur
dos est surmonté, leur donnent un aspect bizarre.
Mais leur extrême sobriété, la docilité de leur caractère et les services qu'ils rendent à l'homme,
en font des serviteurs de première nécessité, et
compensent outre mesure leurs prétendues diffor-
mités. Tout d'ailleurs, dans leur organisation, est
admirablement disposé en vue du genre de vie au-

quel ils doivent être soumis, et leur permet de résister pendant des mois entiers aux privations et aux fatigues les plus pénibles. En Turquie, en Perse, en Arabie, en Égypte, en Barbarie, etc., le transport des marchandises ne se fait que par le moyen de ces animaux.

La chair des jeunes chameaux est aussi bonne que celle des veaux, et le lait que les femelles produisent en abondance est également fort estimé ; on en fait du beurre et des fromages. La chair des individus adultes se mange aussi ; quoique plus dure que celle des jeunes, elle n'est cependant pas désagréable. Le poil de ces animaux est très-employé : on le coupe à certaines époques de l'année, et on en fait des tissus assez variés.

LES LAMAS

Les lamas, les vigognes et les alpagas composent un genre très-voisin de celui des chameaux, et qui est de l'Amérique du Sud, où l'on pourrait dire qu'ils les remplacent ; mais ils sont moins grands qu'eux, remarque que l'on peut faire pour presque tous les animaux du nouveau continent comparés avec ceux de l'ancien qui sont leurs congénères, ou que l'on rapporte à la même famille. Ils n'ont point de bosses ; mais, comme les chameaux, ils ont deux incisives à la mâchoire supérieure, six à l'inférieure, et des canines à l'une et à l'autre. Quant à leurs mâchelières, elles sont au nombre de dix-huit en tout, cinq de chaque côté du maxillaire supérieur, et quatre à l'inférieur. Ces quadrupèdes sont souvent employés en domesticité, et, à l'époque de la découverte de l'Amérique, ils étaient les seuls grands animaux domestiques des Indiens : de nos jours, on les dresse encore aux mêmes usages. Leur chair, leur lait, etc., sont aussi fréquemment utilisés, et leur laine sert à la fabrication de différentes étoffes.

LES CHEVROTINS, *Moschus*.

Les chevrotins n'ont point de cornes; mais leurs dents sont analogues, pour la forme, à celles des ruminants pourvus de ces ornements frontaux. La seule différence consiste dans leur mâchoire supérieure, qui présente deux canines fort allongées, caractère qui d'ailleurs se retrouve également et au même degré dans le cerf montjac. Ces animaux sont remarquables par leur vivacité et leurs élégantes proportions; leur taille ne dépasse jamais celle du chevreuil, et elle est souvent inférieure à celle de ce quadrupède. Les chevrotins sont herbivores, et rappellent les antilopes par leurs habitudes; la plupart sont des animaux de montagnes, et l'on n'en connaît que dans les grandes îles de la Sonde et dans le continent Indien. Ceux qu'on avait indiqués en Afrique sont des animaux d'un

autre genre ; mais il paraît qu'une espèce américaine décrite par Molina comme une sorte de cheval
qui aurait des pieds de ruminant, est fort rapprochée des chevrotins, et doit constituer un genre
voisin de ces animaux.

Chevrotin porte-musc.

Parmi les espèces que l'on admet dans le genre
moschus, la plus généralement connue est le chevrotin porte-musc, en latin *moschus moschife-
rus*. Elle est la plus grande de ce genre ; sa queue

est très-courte, et son corps est couvert de poils si gros et si courts, qu'on pourrait presque leur donner le nom d'épines ; mais ce qui l'a fait surtout remarquer, c'est une poche située près des aines du mâle, et qui se remplit d'une substance odorante désignée par le nom de *musc*.

LES CERFS , *Cervus.*

Tout le monde connaît les cerfs. Ces mammifères, dont la tête est surmontée de protubérances cornues appelées *bois*, constituent un genre assez considérable en espèces, parmi lesquelles cinq, le cerf ordinaire, le daim, le chevreuil, le renne et l'élan, sont d'Europe. L'Asie, outre plusieurs de ceux-ci, possède aussi différentes espèces qui lui sont spéciales ; on en connaît également dans les grandes îles qui l'avoisinent au sud ; mais la Barbarie est la seule partie de l'Afrique où l'on ait encore trouvé des animaux de ce genre : quant à ceux de l'Amérique, ils sont nombreux dans la partie septentrionale de ce continent et dans la partie méridionale. Le fait le plus singulier de la physiologie des cerfs est celui des phases diverses que subissent leurs bois. Nuls chez les femelles de tous ces animaux, excepté dans celles des rennes, les bois des mâles offrent aux différentes époques de la vie des caractères qui suffisent pour reconnaître l'âge des individus qu'on a sous les yeux.

CERF ORDINAIRE, *Cervus ҫlaphus*.

Cette espèce, le chevreuil et le daim, sont les seules que possède notre pays; elle est sans aucun doute la plus belle et la plus intéressante. Sa grandeur est celle du cheval; son pelage est d'un brun foncé en été, avec une ligne noire et une rangée de petites taches fauves le long de l'épine; en hiver, elle est d'un brun gris uniforme, la croupe et la queue étant en toute saison d'un fauve pâle. Les jeunes sujets, que l'on nomme faons, ainsi que les petits de toutes les autres espèces du genre, sont fauves tachetés de blanc; les bois sont fort longs à croître; ils tombent, comme on sait, tous les ans, et prennent à chaque refaite des dimensions plus considérables jusqu'à ce que, l'animal étant arrivé à sa vieillesse, ils tombent pour se reproduire encore, mais avec moins de force. Vers le sixième mois, les jeunes mâles présentent déjà sur la tête deux petites bosses ou tubercules qui indiquent la place où les bois s'élèveront. Ces éminences ont reçu le nom de *hères*; à un an, elles se sont fort allongées, et, quoique simples, elles ont déjà deux à trois décimètres de longueur. L'animal perd à cette époque la peau qui les recouvrait, et ces petits bois eux-mêmes ne tardent pas à tomber après qu'ils sont restés quelque temps à nu ; on les désigne alors par le nom de *daguets*. Quand le cerf est arrivé à sa troisième année, il perd ses daguets, et le *bois* qui les a remplacés présente . ordinairement trois branches, qu'on appelle *andouillers*. Pendant chacune des années suivantes jusqu'à la septième, le bois subit sa chute périodique, et reparaît régulièrement avec un andouiller de plus ; de sorte que tous les vieux cerfs ont le bois composé de sept ramifications provenant d'une tige commune, nommée *merrain*. Quelques femelles stériles ont des bois comme des mâles, mais qui restent constamment à l'état de daguets. Le cerf a le merrain et les andouillers arrondis ; chez le daim, *cervus dama*, les andouillers supérieurs sont aplatis. Ces animaux diffèrent d'ailleurs des précédents par plusieurs caractères importants. Quant au chevreuil, *cervus capreolus*, il est plus petit que l'un et que l'autre , son pelage est fauve ou gris-brun, et ses bois n'ont qu'un seul andouiller médian, sans andouiller basilaire. Le chevreuil avait été distingué des anciens, ainsi que le cerf et le daim. Ce dernier n'est point le *dama* de Pline, qui est une antilope. Cet écrivain l'appelle *blatyceros,* ce qui indique la forme bien aplatie de ses bois ; Appien le nomme *euryceros,* et Aristote *prox.*

RENNE, *Cervus taranaus.*

Il est remarquable par le grand développement de ses bois, qui existent naturellement chez la femelle aussi bien que chez le mâle. Il est du Nord, et particulièrement de Suède et de Laponie; l'Asie et l'Amérique boréale le possèdent également. Le renne a été soumis à la domesticité par les Lapons, qui l'emploient comme bête de somme ou de trait, et qui l'élèvent en troupes considérables pour tirer de sa chair, de sa peau, de son lait, etc., tous les avantages possibles.

Parmi les autres espèces, nous devons signaler, à cause de leur grande taille, l'élan, déjà cité, et le cerf du Canada. D'autres, comme l'axis de l'Inde et le cerf de Virginie, doivent également être connus, à cause de leur fréquence dans les ménageries ou dans les parcs en Europe. On les élève facilement dans nos contrées; et il n'est pas douteux qu'on ne puisse les y acclimater parfaitement.

LES GIRAFES, *Cameleopardis.*

Les anciens nommaient *cameleopardis*, et les modernes appellent encore ainsi dans le langage scientifique, les girafes, mammifères ruminants que leur forme et leurs dimensions rendent excessivement remarquables. Ces animaux, dont il n'existe qu'une seule espèce propre aux régions désertes et sablonneuses de l'Afrique, tiennent, en effet, des chameaux par diverses particularités de

Girafe.

leur organisation, puisqu'ils sont du même ordre qu'eux, et leur robe, assez régulièrement tachée, rappelle l'élégante fourrure des panthères. Les girafes ont les membres longs et grêles, le corps petit, le cou fort allongé, la tête effilée, les lèvres et la langue fort mobiles, et le front garni de deux petites cornes dans les femelles, et de trois dans le mâle adulte ; la troisième, un peu moindre que les deux autres, étant placée sur la ligne médiane du frontal. Ces cornes, au lieu d'être des apophyses, c'est-à-dire des parties naissantes de cet os, comme celles des cerfs, des bœufs, etc., sont, au contraire, épiphysaires, c'est-à-dire qu'elles ont une ossification indépendante de celle du front, à la surface duquel elles reposent, et qu'elles se joignent à lui d'une manière plus intime à mesure qu'on les examine chez des sujets plus avancés en âge.

La hauteur des girafes atteint quelquefois 6 mètres 50 et 7 mètres 15 ; leur tronc est incliné, et leur marche ordinaire est l'amble, c'est-à-dire qu'elles meuvent à la fois les deux membres d'un même côté ; lorsqu'elles courent, elles se balancent d'une manière fort curieuse. Ces animaux existent en Afrique, depuis le cap de Bonne-Espérance jusqu'en Nubie ; ils sont de mœurs paisibles, et vivent dans les déserts, recherchant de préférence la lisière des bois. Ils ont à redouter plusieurs ennemis terribles, et particulièrement le lion, qui, suivant les voyageurs, leur donne souvent la chasse ; mais les girafes courent avec une

grande rapidité, et échappent aisément par la fuite ;
elles savent d'ailleurs parfaitement se défendre en
se ruant sur leurs agresseurs. Les diverses peuplades de l'Afrique les poursuivent de différentes
manières, et savent tirer parti de leur peau ; mais
difficilement on réussit à les prendre vivantes.

LES ANTILOPES, *Antilope.*

Les antilopes sont des animaux dont la taille est
généralement élancée et légère, et dont les cornes,
plus ou moins développées, suivant l'âge et le sexe
des individus, sont presque toujours rondes et
marquées d'anneaux saillants ou d'arêtes en spirale ; ils ressemblent aussi, pour la plupart, aux
cerfs par la vitesse de leurs mouvements et par
l'existence des fossettes creusées au-dessous de
l'angle interne de l'œil, et nommées *larmiers*. On
distingue un très-grand nombre d'espèces parmi
ces animaux. La plupart vivent en troupes ; elles
sont surtout nombreuses en Afrique et en Asie.
L'Amérique possède aussi quelques espèces d'antilopes, et les grandes montagnes d'Europe ont
dans le chamois ou isard un représentant de ce
genre remarquable. Les antilopes dont il est plus
fréquemment parlé sont les gazelles, célèbres
chez les Arabes, qui chantent la vivacité de leur
regard. On doit encore signaler parmi plusieurs
espèces non moins curieuses l'antilope quadri-

corne, décrite par M. de Blainville, et qui porte, ainsi que son nom l'indique, quatre cornes disposées deux par deux. Elle est de l'Inde, et constitue

Gazelle.

le seul mammifère chez lequel cette particularité a été observée.

LES CHÈVRES, *Capra.*

La race sauvage qui a fourni la chèvre domestique est aussi difficile à reconnaître que celle d'où proviennent le mouton et le bœuf, dont nous parlerons bientôt, ainsi que beaucoup d'autres espèces déjà signalées dans cet ouvrage. On distingue plusieurs espèces de chèvres sauvages, et les chèvres domestiques constituent également un nombre fort grand de variétés. Parmi les chèvres sauvages, nous devons signaler l'œgagre, qui habite les montagnes de l'Asie, depuis l'Himalaya jusqu'au Caucase, et le bouquetin, qui est des grandes chaînes de l'Europe, et particulièrement des Alpes et des Pyrénées.

Certaines races domestiques étrangères fournissent par leur fourrure les matériaux des tissus les plus précieux. Les chèvres du Thibet, dites de Cachemire, sont les plus remarquables sous ce rapport. C'est avec leur laine que se fabriquent les beaux châles si recherchés des Orientaux et des Occidentaux, et qui portent eux-mêmes le nom de cachemires. Les chèvres d'Angora ont aussi une toison extrêmement fine, et l'on ne saurait trop répéter et continuer les essais que l'on fait en France pour y acclimater ces animaux. Les chèvres, utiles par leur poil, le sont aussi par leur chair et par leur lait, qui a un goût particulier, mais qui est moins butyreux que celui de la vache. Le lait des chèvres est employé avec avantage pour la fabrication du fromage.

LES MOUTONS, *Ovis.*

Un de leurs types sauvages, le *mouflon*, existe en Corse, en Sardaigne et en Crète, ainsi que dans

Mouflon.

quelques parties de l'Espagne, et vit en troupes assez nombreuses. Les moutons domestiques présentent d'assez nombreuses variations. Ces animaux constituent l'une des principales richesses agricoles; ils fournissent à l'industrie manufacturière leur précieuse toison : leur peau est utilement employée dans les arts, leur chair est d'un usage journalier, etc. Tous nos départements possèdent des bêtes à laine; mais, dans les uns, elles ne sont considérées que comme un faible accessoire des exploitations agricoles, tandis que dans d'autres elles en font la base; ailleurs elles se trouvent associées au gros bétail, et partagent avec lui les soins du cultivateur. Dans la région qui avoisine la Méditerranée, et qui s'étend du littoral jusqu'à l'Isère, aux monts Coiron, vers le nord, dans l'Ardèche, dans la Corrèze et dans le Cantal, et, latéralement, des Alpes à la Garonne, les moutons constituent la principale ressource des agriculteurs.

LES BŒUFS, *Bos.*

Celle de toutes les espèces du genre bœuf qui paraît la plus voisine des moutons est le bœuf musqué, dont on fait le sous-genre *ovibos;* elle est du nord de l'Amérique; les autres sont le bœuf ordinaire et ses nombreuses variétés, le bœuf du Cap, le buffle et le bison ou bœuf d'Amérique. Ceux de l'espèce domestique sont d'une utilité journalière, et seraient difficilement remplacés, soit comme bêtes de trait, soit comme bétail destiné à la nourriture de notre espèce ou aux besoins des arts. La partie de la France où les agriculteurs élèvent le plus de bœufs est celle du nord-ouest, comprenant la Bretagne, le Maine, la basse Normandie, ainsi qu'une partie du Poitou. C'est avec la peau du bœuf ou de la vache que l'on prépare tous les cuirs forts employés à la confection de nos chaussures et à une multitude d'autres usages.

Les poils dont on les dépouille servent à diverses choses : on les tisse pour faire des thibaudes, espèces de manteaux grossiers pour les rouliers. La corne est employée en tabletterie, et on la prépare assez bien pour lui faire imiter l'écaille ; la membrane musculaire des intestins fournit aux boyaudiers des cordes pour les instruments de musique, et le sang desséché des bœufs est recherché comme engrais ; la partie séreuse de ce liquide est réservée pour clarifier le vin, le sirop, etc. Enfin les os, traités par la vapeur d'eau à une haute température ou par les acides, donnent la gélatine, que l'on emploie comme un aliment économique ou comme colle-forte. Simplement broyés, ils fournissent à l'agriculture un excellent engrais, et, chauffés à l'abri de l'action de l'air, ils se transforment en un charbon précieux connu sous le nom de noir animal.

CHAPITRE VIII

MAMMIFÈRES DIDELPHES

Tous les animaux de la classe des mammifères que nous avons précédemment passés en revue peuvent être réunis en un groupe commun; ils forment une première sous-classe, à laquelle on a donné le nom de *monodelphes*. On appelle didelphes, du nom *didelphis*, qui est celui des sarigues, une autre sous-classe d'animaux que signalent différentes particularités remarquables de leurs mœurs et de leur organisation. Chacun se rappelle la jolie fable de Florian intitulée *la Sarigue et ses petits*. Le fabuliste a peint avec élégance le merveilleux attachement de ces animaux pour leur progéniture. Les didelphes, en effet, après avoir porté quelque temps leurs petits dans leur sein, les tiennent dans une sorte de poche placée au-devant de leur abdomen, et ceux-ci, fixés à la mamelle de leur mère, continuent leur développement jusqu'à ce qu'ils soient assez vigoureux pour satisfaire eux-mêmes à leurs besoins; quand ils sortent de cet état, c'est pour eux comme une nouvelle naissance. Lors de la première, ils sont bien moins forts que ne le sont à cette époque les autres animaux. Aussi, au lieu de prendre par intervalles la mamelle de leur mère, ils ne tardent pas à s'y fixer pour un certain temps. Les didelphes, que l'on appelle aussi marsupiaux, du mot latin *marsupium*, qui veut dire bourse, présentent encore, dans leur squelette et dans quelques autres parties de leur organisation, des particularités remarquables; ils sont aussi fort intéressants sous le rapport de leurs mœurs et de leur distribution à la surface du globe. Tous sont propres à l'Amérique méridionale ou tempérée, ainsi qu'à l'Australie, et ceux de l'une et de l'autre de ces régions présentent entre eux des différences tout à fait caractéristiques. Les didelphes d'Amérique, que l'on connaît plus particulièrement sous le nom de sarigues, ont le port de certains carnassiers; leur queue est en partie nue; leurs pieds de derrière ont le pouce opposable aux autres doigts, et, aux mêmes membres, les doigts sont tous séparés entre eux. Les dasyures, qui sont de l'Australie, ont aussi les doigts des pieds de derrière séparés; mais leur pouce, nul ou rudimentaire, n'est jamais opposable. Ces deux premiers genres (sarigue et dasyure) forment un premier ordre, sous le nom d'*éleuthérodactyles*, qui veut dire à doigts libres. Tous les autres, de même que les dasyures, sont de l'Australie; ils sont appelés *syndactyles* ou doigts réunis, parce qu'ils ont les doigts indicateur et médian des pieds de derrière plus petits que les autres, et soudés ensemble jusqu'à l'ongle.

§ Ier

DIDELPHES ÉLEUTHÉRODACTYLES

LES SARIGUES, *Didelphis*.

Ce sont des animaux fétides et nocturnes, dont la marche est lente; ils se tiennent cachés pendant le jour dans des buissons épais, ou sur les branches des arbres, où ils nichent. Leur régime est omnivore; les uns mangent la chair des petits mammifères, celle des oiseaux, etc.; d'autres recherchent les mollusques ou les crustacés, et beaucoup aiment les fruits, et particulièrement les bananes. Tous sont américains, et ils sont bien plus nombreux dans les parties les plus chaudes que vers l'extrémité sud de l'Amérique méridionale et que dans l'Amérique septentrionale. Il est probable que le nombre des espèces de sarigues s'augmentera à mesure que les naturalistes exploreront avec plus de soin les contrées sauvages de l'intérieur de l'Amérique.

SARIGUE A OREILLES BICOLORES, *Didelphis virginiana.*

Sa taille la plus ordinaire est celle du lapin;
mais quelques individus atteignent les dimensions
du chat sauvage. Cette espèce est facile à caractériser par son pelage, d'une teinte sale, et formé de
diverses sortes de poils, ainsi que par ses oreilles,
qui sont nues et de deux couleurs, leur base étant
noire et leur pointe jaunâtre. On la trouve depuis
le Mexique jusque dans les provinces septentrionales des États-Unis; elle se nourrit de chair, de
fruits et de racines; on la dit dangereuse pour la
volaille domestique, qu'elle surprend, et dont elle
fait sa proie. On mange sa chair, et les sauvages
font des tissus du poil soyeux dont son corps est
en partie couvert.

SARIGUE MARMOSE, *Didelphis murina.*

Elle est grande comme le lérot, et les femelles
sont un peu plus fortes que les mâles. La marmose est particulièrement de la Guyane, et elle y
est commune. Elle y creuse la terre pour s'y faire
une demeure, chasse les petits oiseaux, et ramasse
aussi des fruits et des insectes. Cette espèce n'a
que des rudiments de la poche abdominale des
autres sarigues; aussi, lorsque ses petits ont cessé
d'être fixés d'une manière permanente à ses mamelles, elle les laisse grimper sur son dos, et, en-

tortillant leur queue autour de la sienne, elle les transporte facilement.

LES DASYURES, *Dasyurus*.

Les dasyures de M. Geoffroy, que l'on partage maintenant en phascogale, thylacine et dasyure, sont de l'Australie; la plupart sont de taille moyenne, et ils ont des instincts ordinairement carnassiers. L'un d'eux dépasse les autres en dimensions et en férocité; il est presque aussi grand qu'un loup: c'est le thylacine, qui est de Van-Diemen et de la Nouvelle-Hollande.

§ II

DIDELPHES SYNDACTYLES

LES PHALANGERS, *Phalangista*.

Le nom de syndactyle rappelle, ainsi qu'il a été dit plus haut, que ces animaux ont deux de leurs doigts réunis; c'est ce caractère que Buffon a voulu indiquer en adoptant le mot de *phalanger*. Les phalangers se rapprochent davantage des sarigues par leur port et par leurs habitudes; mais ils en diffèrent essentiellement par leurs doigts et leurs dents; leur patrie est aussi très-différente, puisqu'ils sont de l'Australie et du grand archipel des Indes.

Les phalangers grimpent avec facilité, et passent la plus grande partie de leur vie dans les arbres. Plusieurs d'entre eux offrent la particularité qui caractérise les écureuils volants; de même que chez ceux-ci, la peau de leur ventre est plus ou moins étendue sur leurs flancs, et leur fournit une sorte de parachute.

Les phalangers ont le pouce des pieds postérieurs opposable et sans ongle. Leur queue est plus ou moins longue, tantôt entièrement nue, tantôt, au contraire, en partie velue, et d'autres fois tout à fait couverte de poils : dans les deux premiers cas, elle jouit de la facilité de s'enrouler autour des corps.

LES KANGUROOS, *Macropus*.

Deux de leurs espèces, le kanguroo géant, assez anciennement connu, et le kanguroo laineux, dont on doit la découverte à MM. Quoy et Gaimard, sont les plus grands d'entre les didelphes; ils vivent à la Nouvelle-Hollande. Les autres kanguroos sont moins grands ou même assez petits; car il en est qui ne dépassent pas un fort lapin; ils habitent le continent océanien et les îles qui l'avoisinent; tous sont remarquables par leurs proportions; ils ont les membres de derrière bien plus longs que les antérieurs, et leur queue, longue et très-musculeuse, leur fournit comme un cinquième

12*

membre, dont ils se servent conjointement avec les précédents lorsqu'ils se reposent ou qu'ils marchent lentement; pendant la course, elle n'est d'aucune utilité directe; mais elle leur fournit une sorte de balancier qui les retient en équilibre. Leurs pieds de devant sont fort peu développés; les autres, armés d'ongles fort puissants, donnent aux kanguroos des armes redoutables, dont ils se servent dans les combats qu'ils se livrent entre eux. On chasse ces animaux pour leur chair, et l'en emploie aussi leur fourrure.

LES PHASCOLOMES, *Phascolomys.*

Ce genre, dont le nom signifie rats à bourse, ne comprend qu'une seule espèce, assez peu semblable aux rats par son aspect, mais qui a dans son système dentaire quelque chose de la dentition des rongeurs. Le *phascolome wombat* est un animal lourd, à la tête grosse et plate, à jambes assez courtes, privé de queue, et dont les mouvements sont remarquables par leur lenteur. On le trouve dans la partie sud de la Nouvelle-Hollande.

CHAPITRE IX

MAMMIFÈRES ORNITHODELPHES

Les mammifères dont nous devons parler en dernier lieu sont ceux qu'on a quelquefois désignés par la dénomination de *monotrèmes*, et qu'il vaut mieux appeler *ornithodelphes*, ce qui a l'avantage d'être en harmonie avec ceux des monodelphes et des didelphes, indiquant beaucoup mieux les particularités caractéristiques des animaux (échidnés et ornithorhynques) auxquels on l'applique. Ceux-ci, qui formeront une troisième sous-classe, ont, en effet, ainsi que le mot ornithodelphe l'indique, des rapports avec les oiseaux et les reptiles, et ils sont plus intimement liés à ceux-ci et aux autres ovipares; leur squelette est surtout fort analogue à celui de ces animaux, et, quoiqu'ils se rapprochent des édentés par l'absence et la singularité de leurs dents, ils ne sauraient être classés parmi ces animaux. On ne connaît que deux genres d'ornithodelphes, et tous deux sont de la Nouvelle-Hollande; ils sont, avec les didelphes non sarigues et quelques monodelphes seulement, les représentants de la classe des mammifères dans cette partie du monde : ce sont des animaux encore rares dans les collections, et qui, malgré les belles recherches de MM. E. Home, de Blainville, Meckel, R. Owen, etc., doivent encore donner lieu à d'importantes observations.

LES ORNITHORHYNQUES, *Ornithorhynchus.*

Leur bec singulier a déterminé le nom qu'on leur donne : il est, en effet, cornu, aplati et disposé de manière à rappeler presque en tous points celui du canard. Ces animaux n'ont dans l'intérieur de la bouche que quelques rudiments de dents entièrement cornées; leur corps est court, terminé par une queue médiocre, aplatie, et leurs membres, très-peu développés, ont leurs extrémités aplaties, et leurs doigts réunis par des membranes comme ceux des oiseaux d'eau. Les ornithorhynques sont, en effet, aquatiques; ils fréquentent [les fleuves et les lacs de la Nouvelle-Hollande et de la terre de Diemen, et ils s'y nourrissent de larves aquatiques, qu'ils saisissent, comme font les cygnes et les canards, avec leur bec déprimé. Les ornithorhynques n'ont guère plus de 49 centimètres de longueur totale : leur corps est couvert d'un poil assez dur et de couleur roux brunâtre uniforme.

LES ECHIDNÉS, *Echidna.*

Les échidnés sont, au contraire, organisés pour
fouir, et leurs membres robustes sont armés d'ongles puissants, à l'aide desquels ils creusent les
terriers dans lesquels ils se retirent; leurs poils
sont plus ou moins remplacés par des piquants de
la même nature que ceux des écrevisses; leurs
yeux sont fort petits, et leurs mâchoires, qui sont
dépourvues de dents, sont très-rapprochées l'une
de l'autre; le museau est par conséquent étroit,
et la bouche, ouverte à son extrémité, laisse sortir
une langue allongée, filiforme comme celle des
fourmiliers, et enduite de même d'une humeur
visqueuse. Les échidnés se nourrissent aussi de
fourmis et d'autres petits insectes qu'ils saisissent
avec leur langue. Leur taille varie depuis celle d'un
fort hérisson jusqu'à celle du lapin; leur patrie est
la même que celle des ornithorhynques. Ils sont
d'un naturel stupide, et leurs mouvements sont
fort embarrassés lorsqu'on les place à la surface
du sol; le froid les engourdit promptement.

CHAPITRE X

MAMMIFÈRES FOSSILES

La terre, aujourd'hui peuplée d'animaux si variés et de végétaux si nombreux et si brillants, n'a pas toujours eu les mêmes habitants. Toutes les classes de l'empire organique ont perdu plusieurs de leurs espèces lors des révolutions qui ont tourmenté notre planète; et, pour nous borner aux seuls mammifères, nous signalerons non-seulement qu'il a existé des espèces qui n'ont plus aujourd'hui de représentants, mais que certaines d'entre elles sont de genres inconnus dans la nature vivante. Cette assertion, facile à prouver, n'a pas toujours été connue des savants, et longtemps on a été incertain sur la véritable nature des fossiles, c'est-à-dire des débris que les espèces qui habitaient anciennement le globe ont laissés dans son sein. Ces débris, qui consistent en de véritables os, ont été recueillis en plus ou moins grand nombre à toutes les époques. Souvent on les a pris pour de véritables pierres affectant, par un jeu de la nature, les formes osseuses qu'on leur reconnaissait. D'autres fois, on a admis que c'étaient véritablement des os, et l'opinion a été souvent que ces os provenaient de géants humains, dont on a même prétendu reconnaître les noms.

Selon la nature des terrains dans lesquels ils se rencontrent, et suivant aussi les circonstances qui les y ont laissés, les os fossiles sont plus ou moins bien conservés. Souvent ce sont de simples fragments, des dents éparses, des débris de cornes, etc.; d'autres fois, au contraire, des têtes à peu près entières, et souvent même des squelettes assez complets pour qu'on ait pu les observer dans tous leurs détails et même les préparer. On possède à Lisbonne un squelette monté, et presque entier, du *mégathérium*, grande espèce d'oryctérope gigantesque des alluvions de l'Amérique du Sud. Des mastodontes de l'Amérique septentrionale ont également été préparés, et le muséum de Paris possède une suite immense, en partie décrite par Cuvier, d'ossements de mammifères plus ou moins bien conservés, et qui proviennent de presque tous les points du globe; car on a recueilli des mammifères fossiles dans les brèches ou terrains plus ou moins anciens, en Europe, en Asie, en Afrique, en Amérique et à la Nouvelle-Hollande. Pallas, qui a contribué, par quelques mémoires importants, aux progrès de la paléontologie, admettait, il est vrai, que les rhinocéros, les éléphants, etc., dont on découvre les restes fossilifiés en Europe, sont de la même espèce que ceux de ces animaux qui vivent présentement en Asie et en Afrique; mais on a plus tard reconnu qu'ils en diffèrent réellement sous ce rapport, et qu'on ne saurait admettre qu'ils sont les premiers parents de ceux-ci. Camper a le premier aperçu ce fait pour les mastodontes et quelques autres, et les nombreuses observations qu'on a faites depuis, celles de Cuvier surtout, ne permettent aucun doute à cet égard. G. Cuvier, qui s'est occupé des fossiles mammifères plus qu'aucun autre naturaliste, a fait connaître dans son célèbre ouvrage le résultat de ses recherches à ce sujet; il y a décrit un grand nombre de genres et d'espèces aujourd'hui détruits.

La comparaison est le plus sûr moyen pour arriver à reconnaître l'ordre et le genre auxquels appartiennent les débris fossiles; aussi ce travail demande-t-il d'assez longues études anatomiques et une collection nombreuse de squelettes d'espèces vivantes qui puissent servir de point de comparaison. Les données auxquelles on arrive par ce moyen sont assez positives pour que l'inspection d'une dent fasse reconnaître souvent quelles étaient la nature et la taille de l'animal auquel elle a appartenu; mais une seule partie, quelle qu'elle soit, n'est pas toujours suffisante, ainsi que le croient beaucoup de personnes.

Toutes les familles importantes des mammifères, si ce n'est celles des ornithorhynques et des échidnés, ont laissé, dans des couches plus ou moins

anciennes, des débris fossiles ; car les deux groupes
(singes et chameaux) qui n'avaient point encore
été signalés parmi les fossiles viennent de l'être
récemment. On a trouvé dans le sous-Himalaya un
crâne fossile tout à fait semblable à celui du dromadaire ; et, dans le midi de la France, une localité
riche en débris antédiluviens, Auch, a nouvellement fourni la mâchoire fossile (avec des paléo-
thériums, dinothériums, mastodontes) d'un singe
fort rapproché des gibbons, et, ajoute-t-on, des
indices de la présence dans le même terrain de
fossiles de sajou, ce qui serait une chose fort singulière en géographie zoologique, puisqu'on se
rappelle que les gibbons sont d'Asie, les sajous de
l'Amérique méridionale, deux localités éminemment différentes par leurs productions zoologiques.
On vient aussi de recueillir un singe fossile dans
l'Himalaya : celui-ci est voisin des cynocéphales.

Nous devons indiquer quelques genres de fossiles
parmi ceux qui n'ont plus d'analogues vivants. Les
plus curieux sont ceux : 1º des *mastodontes*, qui
étaient fort voisins des éléphants, et dont des débris
ont été recueillis en Europe, en Asie et dans les
deux Amériques ; leurs dents, au lieu d'être lamel-
leuses, comme celles des éléphants, étaient mame-
lonnées à leur surface, et plusieurs d'entre eux
avaient des défenses à la mâchoire inférieure aussi
bien qu'à la supérieure ; 2º les *mégathériums*, que
l'on a trouvés à peu de distance de la surface du

sol, dans diverses localités de l'Amérique du Sud ; c'étaient des animaux voisins des fourmiliers et des oryctéropes ; mais leur taille approchait de celle des éléphants ; les carapaces qui gisent dans les mêmes terrains que les mégathériums étaient sans doute celles des tatous, presque aussi grands que ces animaux ; 3° les *dinothériums ;* ceux-ci étaient probablement aquatiques, et formaient un genre intermédiaire aux éléphants et aux lamantins ; ils étaient donc de l'ordre des gravigrades : on a trouvé leurs débris en France et en Allemagne. Une tête de dinothérium, recueillie non loin de Darmstadt, a près de deux mètres de longueur ; on l'a montrée pendant quelque temps à Paris en 1837. Ce dinothérium est un des meilleurs exemples qu'on puisse citer pour faire voir qu'avec un seul os on ne saurait reconstruire un animal dans tous ses détails, puisqu'on possède de lui une tête presque entière, et que néanmoins on ne saurait dire s'il avait quatre membres, comme les éléphants, ou deux seulement, comme les lamantins. Un trait bien remarquable de cet animal existe dans ses incisives inférieures, qui sont au nombre de deux, fort longues et dirigées vers le sol de manière à représenter les défenses de l'éléphant.

FIN

TABLE

FIN DE LA TABLE DES CHAPITRES

TABLE ALPHABÉTIQUE

DES MAMMIFÈRES

DÉCRITS DANS CE VOLUME

FIN DE LA TABLE ALPHABÉTIQUE DES MAMMIFÈRES

BIBLIOTHÈQUE DE LA JEUNESSE
Amélie, ou le triomphe de la piété.
Anna, ou la piété filiale.
Artisans célèbres.
Aurélie, ou le monde et la piété.
Aventures de Fernand Cortez.
Conquête de Grenade.
Ernestine, ou les charmes de la vertu.
Esquisses entomologiques, ou h. des insectes
Ferréol, ou les passions vaincues.
Gilbert, ou le poète malheureux.
Histoire des Croisades.
Histoire de Marie Stuart.
Histoire naturelle des oiseaux
Histoire naturelle des mammifères.
Histoire de Venise.
Jeanne d'Arc.
La salle d'asile au bord de la mer.
Le Jeune Tambour.
Les Compagnons de Christophe Colomb.
Les derniers jours de Pompéi.
Les Jeunes Ouvrières.
Les Naufrages au Spitzberg.
Les Récits du Château.
Monde souterrain.
Peintres célèbres (les).
Rose et Joséphine.
Voyage en Perse.
Voyages autour du monde, 2 volumes.
Voyages et Aventures de Lapérouse.
Voyages en Nubie et en Abyssinie.
TOURS
ALFRED MAME ET FILS
ÉDITEURS